사진으로 쉽게 알아보는
한국의 산나물 도감

사진으로 쉽게 알아보는 **한국의 산나물 도감**

초판 1쇄 인쇄	2020년 7월 5익
초판 1쇄 발행	2020년 7월 10일

펴낸이	윤정섭
엮은이	자연과 함께하는 사람들
편낸곳	도서출판 윤미디어
주소	서울시 중랑구 중랑역로 224(묵동)
전화	02)972-1474
팩스	02)979-7605
등록번호	제5-383호(1993. 9. 21)
전자우편	yunmedia93@naver.com

ISBN 978-89-6409-090-9(13480)
ⓒ 자연과 함께하는 사람들

사진으로 쉽게 알아보는

한국의 산나물 도감

엮은이_ 자연과 함께하는 사람들

♣ The Wild Greens of Korea — 우리 산과 들에 숨쉬고 있는 보물

도서
출판 윤미디어
YUN MEDIA PUBLISHING.CO.

머리말

현대인들은 왜 산나물에 열광하는가?

그것은 바로 산나물이 가지고 있는 자연의 힘 때문이다. 산나물이 가지고 있는 특수성분들은 우리 몸에 이로운 역할을 하는데, 이 성분들은 채소보다 많은 양이 들어 있다.

산나물은 일반 채소에 비해 성장속도가 아주 느리고, 생장환경 또한 까다롭다. 느리게 자라면서 일체의 잡스러운 기운을 거부하는 산나물, 원시의 자연에서 느리게 자연의 숨결을 담아내는 산나물. 이것이야말로 산나물이 가지고 있는 진정한 힘인 것이다.

산나물의 독특한 향취와 맛을 즐기는 사람들조차 산에 데려다 놓으면 어느 것이 산나물인지 구분하기가 쉽지 않지만, 야산에서부터 집 주변의 길가까지 먹을 수 있는 산나물은 매우 많다.

맛있는데도 우리가 보지 못 하고 지나치는 산나물도 많다. 산으로 들로 나가 계절에 따라 돋아나는 여러가지 산나물의 맛과 향을 즐겨보자. 산나물 채취에는 몸과 마음을 건강하게 하는 이중, 삼중의 기쁨이 있다.

자연과 함께 하는 사람들

차례

PART 2 약이 되는 산나물

PART 3 독이 있는 산나물

Part 1

맛있는 산나물

우엉

Ainsliaea acerifolia Sch.Bip.

☞ 껍질에 콜레스테롤을 낮추고 항암효과가 있는 사포닌, 리그닌이 들어 있다.

잔털이 촘촘한 잎은 무려 55cm의 크기다. '우엉을 먹으면 늙지 않는다'는 말처럼 우엉은 인체에 유익한 식물이다. 뿌리채소 중 식이섬유 함량이 가장 높다. 어린잎은 삶아서 먹고, 뿌리는 볶아 먹는다. 볶으면 단맛이 더 강해진다. 효능을 최대한 활용하려면 날 것으로 먹되, 껍질 째 섭취하는 것이 좋다.

분포_전국 **채취장소**_숲속, 밭(재배) **채취시기**_4~5월 **이용 부위**_어린잎, 뿌리 **이용 방법**_무침, 조림 **전체 크기**_50~150cm **잎 모양**_심장형, 길이 10~55cm

머위

Petasites japonicus (S. et Z.) MAX.

☞ 유럽에서 항암 약초로 인정받는 산나물이다.

잔설 밑에서 잎보다 먼저 꽃줄기가 치솟는다. 봄나물 중 가장 일찍 수확할 수 있는 산채로, 새순에서 발하는 상쾌한 향기와 쓴맛은 재배채소에서는 결코 맛볼 수 없는 것이다. 꽃이 진 후에 자라는 잎과 줄기를 식용하며, 약간 쌉쓰레한 맛과 향이 봄 미각을 깨우는데 그만이다. 어린 것일수록 쓴 맛이 없다.

분포_전국 **채취장소**_산지의 길가, 습지 **채취시기**_3~4월 **이용 부위**_꽃봉오리, 잎, 잎자루 **이용 방법**_튀김, 무침, 조림, 장아찌 **전체 크기**_약 60cm **잎 모양**_심장형형, 지름 15~30cm

고사리

Pteridium aquilinum

☞ 아이들이 갑자기 열이 오를 때 먹이면 효력이 있다.

솜털이 많이 붙어 있고 굵으며, 대략 2~30cm 정도인 것이 좋은 고사리다. 어린 싹은 익숙해지지 않으면 찾기 어려우므로, 전년도의 마른 잎이 쌓인

장소를 찾으면 된다. 시간이 지나면 굳어 버리니 가능하면 채취한 날 바로 불순물을 제거하기 위해 물에 불려야 한다. 물에 불리는 시간은 15분 정도가 적합하다.

분포_전국 채취장소_산과 들의 양지 채취시기_4~5월 이용 부위_어린싹 이용 방법_무침, 조림, 국거리 전체 크기_80~100cm 잎 모양_난상 삼각형, 길이 50cm 이상, 폭 50cm 이상

고비

Osmunda japonica

☞ 월경불순에 효력을 발휘한다.

산속의 가파른 경사면에서 자라기 때문에 채취 난이도가 높다. 고사리보다 반들거리고 윤기가 더 있지만, 삶아놓으면 고사리와 색과 모양이 구분하지 못할 정도로 꼭 같다. 머리 부분의 솜털을 제거한 후 베이킹소다를 넣은 물에 반나절 동안 삶아 쓴맛을 빼고 조리한다. 씹는 맛은 고사리보다 훨씬 쫄깃하다.

분포_전국 **채취장소**_산지의 습한 경사면 **채취시기**_4~5월 **이용 부위**_어린싹 **이용 방법**_무침, 국거리 **전체 크기**_60~100cm **잎 모양**_삼각모양, 길이 50cm 이상, 폭 50cm 이상

미나리

Oenanthe javanica

☞ 비타민 C와 미네랄이 풍부한 산나물이다.

자생하지만 재배하기도 한다. 독특한 향과 식감으로 봄나물 중 가장 선호하는 나물로 꼽는다. 국거리로 먹어도 좋지만 제대로 맛보려면 무침이 최고다. 데칠 때, 향을 잃어버리지 않도록 오래 데치지 않는다. 자연에서 자란 것일수록 향이 짙다. 녹색이 선명한 것, 줄기가 굵지 않은 것이 좋은 상품이다.

분포_전국 **채취장소**_논두렁, 냇가 **채취시기**_3~5월 **이용 부위**_어린싹, 어린 줄기 **이용 방법**_무침, 볶음, 묵나물 **전체 크기**_20~50cm **잎 모양**_삼각형 또는 달걀꼴, 길이 7~15cm

곰취

Ligularia fischerii

☞ 머리가 아플 때 좋은 천연 두통약이며, 카모마일 차의 약효와 비슷하다.

깊은 산, 습지에서 군락을 이루면서 자란다. 쌉쌀하면서도 독특한 향이 있다. 어린잎은 생으로 쌈을 싸먹고, 잎이 조금 거세지면 한번 데친 후 말려서 묵나물로 먹는다. 각종 영양소가 풍부해 한방에서 뿌리줄기를 약재로도 사용한다. 그대로 먹어도 몸에 좋고, 살짝 데쳐서 먹어도 몸에 좋은 산나물의 왕이다.

분포_전국 **채취장소_**깊은 산의 습지 **채취시기_**4~5월 **이용 부위_**잎, 줄기 **이용 방법_**쌈, 무침, 묵나물, 절임, 장아찌 **전체 크기_**1~2m **잎 모양_**심장형, 32cm, 폭 40cm

바위취

Saxifraga stolonifera

☞ 잎을 살짝 구워 화상이나 상처 부위에 소염제로 사용할 수 있다.

추위에 강해 다른 잎이 다 떨어진 한 겨울에도 보송보송한 털을 유지한다. 잎은 1년 내내 무성하며, 떫은 맛이 없으므로 우려낼 필요는 없다. 초절임이나 무침으로 먹을 수도 있지만 바위취의 간판은 튀김이다. 상처가 없는 깨끗한 잎을 골라 얇게 옷을 입혀 중온의 기름으로 튀기면 두꺼운 잎도 맛있게 튀겨진다.

분포_전국 **채취장소**_그늘진 습지 **채취시기**_1년 내내 **이용 부위**_잎 **이용 방법**_튀김 **전체 크기**_60cm 정도 **잎 모양**_신장형, 잎자루 길이 3~10cm, 폭 3~9cm 생

수리취_떡취

Synurus deltoides (Aiton) Nakai

☞ 당뇨나 폐렴 등에 약용하는데, 뿌리 째 달여 하루 3번 나누어 마시면 좋다.

꽃이 참 재미있게 생겼다. '산에서 나는 우엉'이라는 별칭대로 효능은 물론, 잎 모양도 우엉과 똑같다. 아니, 우엉보다 더 뛰어나다고 하는 사람들도 있다. 잎은 곰취보다 질긴 편이라 주로 떡을 만들 때 사용한다. 어린잎을 물에 잘 씻은 후, 쌈이나 나물로 무쳐서 먹기도 한다. 푹 익혀야 된다.

분포_전국 **채취장소**_산비탈, 초지 **채취시기**_4~6월 **이용 부위**_잎 **이용 방법**_떡, 쌈, 무침 **전체 크기**_40~100cm **잎 모양**_난형~긴 타원형, 길이 10~20cm, 폭 7~15cm

미역취

Solidago virga-aurea var. asiatica

☞ 차로 이용하면 감기로 인한 두통이나 부은 목의 통증을 가라앉힐 수 있다.

'가을의 유채꽃'이란 별명답게 노란 방망이 같은 모습으로 만추의 산을 황금빛으로 물들인다. 향이 진하고 연해서 유럽에서는 이 꽃을 이용해 만든 차를 '골든로드'라고 부르며 자주 마신다. 봄철의 어린잎을 데친 후 무쳐 먹거나 햇볕에 말려 묵나물로 먹는다. 국을 끓이면 마치 미역처럼 퍼진다.

분포_전국 **채취장소**_산과 들의 양지바른 풀밭 **채취시기**_4~6월 **이용 부위**_잎 **이용 방법**_무침, 묵나물 **전체 크기**_35~80cm **잎 모양**_난형~긴 타원형, 잎자루 길이 7~10cm 폭 1~1.5cm

단풍취_ 개불딱취

Ainsliaea acerifolia Sch.Bip.

☞ 잘 먹지는 않지만 칼륨, 비타민C, 아미노산이 풍부하게 함유된 산나물이다.

단풍잎처럼 큰 잎을 자랑한다. 대중성은 많이 떨어지지만 독특한 향과 씹히는 맛이 있다. 산과 들에서 자라며, 멀리서 보면 꽃만 붕 떠 있는 모습이다. 잎이 다 퍼지기 전에 어린순을 채취해서 잎은 잘라내고 남은 줄기를 고구마 줄기처럼 볶아 먹는다. 어린순도 무치거나 삶아서 말려 둔 뒤 묵나물로 먹는다.

분포_전국 **채취장소**_산과 들 **채취시기**_4~5월 **이용 부위**_잎, 줄기 **이용 방법**_무침, 볶음, 묵나물 **전체 크기**_35~80cm **잎 모양**_단풍잎형, 길이 9~13cm, 폭 6~19cm

개미취

Aster tataricus L. f.

☞ 한방에서는 뿌리를 천식, 만성 기관지염 등에 이용한다.

잎이 넓다보니 상대적으로 꽃이 작아 보인다. 깊은 산속에서 자생하며 재배하기도 한다. 재배와 야생 개체는 웬만해서는 구분하기 어렵다. 단풍취와 더불어 선호도는 떨어지는 편이다. 어린잎을 식용하며, 다 큰 잎은 쓴맛이 강해서 묵나물로 이용하는 편이다. 지나치게 우려내면 오히려 향취를 잃을 수 있다.

분포_전국 **채취장소**_깊은 산의 습지 **채취시기**_5~6월 **이용 부위**_잎 **이용 방법**_무침, 묵나물 **전체 크기**_1~2m **잎 모양**_난형~긴 타원형, 20~30cm, 폭 6~10cm

냉이

Capsella bursa-pastoris

☞ 채소 중 단백질이 가장 많이 함유된 산나물이다.

향긋한 냉이의 맛을 싫어하는 사람이 과연 있을까. 냉이는 잎이 나오는 가을부터 꽃줄기가 조금 뻗을 정도가 되는 봄까지 오랫동안 채취할 수 있다.

주로 된장국에 넣어 먹으며, 샐러드에 넣으면 냉이라고 믿을 수 없을 만큼 맛있다. 국을 끓일 땐 뿌리도 함께 넣어야 깊은 맛이 난다.

분포_전국 **채취장소**_황무지, 길가 **채취시기**_3~5월 **이용 부위**_어린잎, 어린줄기, 뿌리 **이용 방법**_무침, 국, 찌개, 샐러드 **전체 크기**_10~50cm **잎 모양**_갈라진 깃털 모양, 길이 20~30cm, 폭 2~3mm

물냉이_양갓냉이

Nasturtium officinale R.Br.

☞ 비타민 함유량이 상추의 20배나 된다.

하천이나 논둑에서 사는 귀화식물이다. 줄기는 대부분 물속에 잠기며 일부만 물 밖으로 나온다. 조금씩 싹줄기가 나오기 때문에 1년 내내 수확할 수 있다. 날 것은 물론 살짝 데쳐서 요리해도 된다. 잎과 줄기를 씹어 보면 쌉쌀함이 혀 끝을 톡 쏜다. 이 매운 맛이 고기와의 궁합을 환상적으로 만든다.

분포_전국 **채취장소**_산야의 물가 **채취시기**_1년 내내 **이용 부위**_어린싹, 줄기 **이용 방법**_무침, 데침, 쌈 **전체 크기**_10~30cm **잎 모양**_홀수깃모양 겹잎

고추냉이

Nasturtium officinale R.Br.

☞ 대장균과 황색 포도상구균 같은 식중독을 일으키는 세균을 억제한다.

청정한 계곡이나 수질이 깨끗한 곳에서만 자생한다. 성장 속도가 느리고 개체수가 적기에 가능하면 뿌리는 남기고 땅 위에 있는 부분만 딴다. 줄기에 가까울수록 매운 맛과 향이 강하다. 잎 줄기로 김치를 담거나 꽃은 튀김으로 이용할 수 있다. 녹색이 선명하고, 단맛이 느껴지며, 향기가 강한 것이 우량품이다.

분포_울릉도 **채취장소_**산골짜기의 물가 **채취시기_**4~5월 **이용 부위_**잎, 꽃, 뿌리줄기 **이용 방법_**향미료, 김치 **전체 크기_**30~40cm **잎 모양_**심장형, 길이 8~12cm

개갓냉이

Rorippa indica (L.) Hiern

☞ 해열작용이 있어서 기침, 감기에 약용한다.

인적이 잦은 들이나 밭에서 무릎 높이를 넘지 않는 키로 자란다. 냉이와는 달리 잔털이 없고 이파리에 불규칙한 톱니가 있다. 김치를 담글 때 파와 함께 넣으면 독특한 매운맛을 느낄 수 있다. 어린잎을 고추장에 버무려 나물로 먹기도 하고, 향이 진하게 우러나므로 된장국으로 끓여도 안성맞춤이다.

분포_전국 **채취장소**_들, 밭 **채취시기**_4~5월 **이용 부위**_어린잎, 뿌리 **이용 방법**_무침, 된장국, 김치 **전체 크기**_50~60cm **잎 모양**_톱니가 있는 깃형, 길이 1.5~3cm

황새냉이

Cardamine flexuosa With.

☞ 씨앗을 빻아서 물과 함께 먹으면 월경불순에 잘 듣는다.

이른 봄, 논두렁 한쪽에서 피어난다. 20~40cm 정도의 가지 끝에 흰꽃이 달린다. 꽃이 피기 전에 로제트 모양으로 퍼진 잎이나 줄기 끝의 부드러운 부분을 따서 나물로 이용하는데, 봄이 느껴지는 매운맛과 쓴맛이 있다. 어린잎을 생으로 샐러드에 넣거나 데친 후 나물무침으로 이용한다.

분포_전국 **채취장소**_논두렁, 밭두렁 **채취시기**_3~5월 **이용 부위**_어린잎, 어린줄기 **이용 방법**_무침, 데침, 샐러드 **전체 크기**_1~2m 잎 모양_긴 타원형 또는 원형

씀바귀_쓴나물

Ixeris dentata

☞ 칼슘, 철, 비타민이 시금치보다 월등히 높다.

예전에는 산과 들에서 지천으로 자랐다. 대표적인 봄나물 중의 하나로, 쓴 맛이 잃어버린 입맛을 되살아나게 하는 마법을 부린다. 쌈으로 먹거나, 보리밥을 해서 갖가지 채소와 비벼 먹어도 일품이다. 쓴맛이 부담스러우면 찬물에 오랫동안 우려내면 된다. 봄에 씀바귀를 많이 먹어 두면 여름 더위를 이길 수 있다.

분포_전국 **채취장소**_산과 들 **채취시기**_3~4월 **이용 부위**_어린잎 **이용 방법**_무침, 쌈 **전체 크기**_25~50cm **잎 모양**_바소꼴인 긴 타원형, 길이 4~9cm

고들빼기
Lactuca indica for. indivisa

☞ 많이 먹으면 위궤양이나 만성위염에 효과를 볼 수 있다.

쓴바귀처럼 매우 쓰다. 주로 잎가 뿌리로 김치를 담거나 나물로 먹지만, 찜통에 살짝 쪄서 차로 마시기도 한다. 섬유질이 적고 단백질, 탄수화물, 지방등의 성분이 풍부한 식물이며, 특유의 쓴맛이 입맛을 돋궈주고 더위를 잊게 해 준다.

분포_전국 **채취장소_**황무지, 길가 **채취시기_**3~5월 **이용 부위_**어린잎, 어린줄기, 뿌리 **이용 방법_**무침, 국, 찌개, 샐러드 **전체 크기_**10~50cm **잎 모양_**갈라진 깃털 모양, 길이 20~30cm, 폭 2~3mm

쑥

Artemisia princeps var. orientalis

☞ 자궁을 따뜻하게 하는 효능으로 산후 조리에 좋다.

갈색의 작은 꽃은 가을에 핀다. 들과 밭의 양지바른 곳에서 자생하며 그 종류만도 30여 가지가 넘는다. 우리가 쑥이라고 부르는 것은 수 많은 쑥 중 가장 흔한 참쑥이다. 쑥이 맛있는 시기는 3월에서 4월까지로 쑥떡에는 어린싹이, 국거리로는 늦봄의 다 자란 잎이 좋다. 섬유소가 질겨서 나물에는 어울리지 않다.

분포_전국 **채취장소**_산, 들, 밭 **채취시기**_3~5월
이용 부위_어린잎, 줄기 **이용 방법**_된장국, 떡, 쑥
버무리 **전체 크기**_60~120cm **잎 모양**_타원형, 길
이 6~12cm

떡쑥

Pseudognaphalium affine

☞ 몸살로 인해 춥고 열이 날 때나 근육통, 위궤양 등에 좋다.

마을 어디에나 있는 잡초처럼 친근한 야초로, 매년 4-7월 경, 줄기 끝에 황색의 작은 꽃을 밀집시켜 개화한다. 예전에는 쑥 대신 떡을 만들어 먹기도 했다. 봄이 막 시작될 무렵의 연한 싹을 따서 살짝 데친 후 죽을 끓이거나 떡을 만들어 먹는다. 꽃도 튀김으로 이용할 수 있다. 채취할 때는 선모가 지저분하지 않은 것을 골라 딴다.

분포_전국 **채취장소**_양지바른 풀밭, 밭두렁, 길가 **채취시기**_3~4월 **이용 부위**_어린싹 **이용 방법**_죽, 떡, 튀김 **전체 크기**_15~40cm **잎 모양**_구두주걱형, 길이 2~6cm, 폭 4~12cm

쑥부쟁이 · *Aster yomena (Kitam.) Honda*

☞ 전초를 푹 달여 마시면 기관지염이나 편도선염에 효과를 볼 수 있다.

보통 들국화라고 부르는 꽃이다. 어린싹을 뿌리 밑동에서부터 뜯어 냄새를 맡으면 국화과 특유의 향기가 진동한다. 논두렁이나 도로변 등에 군생하고 있으므로 손쉽게 수확할 수 있다. 오래 두면 쓴맛이 나니 따고 나면 바로 나물무침이나 꽃밥을 지어먹는다. 쑥부쟁이와 닮은 까실쑥부쟁이도 먹을 수 있다. 국화과에 독초는 없다.

분포_전국 채취장소_습기가 약간 있는 산과 들 채취시기_3~5월 이용 부위_어린잎 이용 방법_데침, 무침, 꽃밥 전체 크기_30~100cm 잎 모양_긴 타원형, 길이 8~10cm, 폭 2~4cm

명아주

Chenopodium album L.

☞ 중풍 예방과 고혈압 등에 효과가 있다고 알려져 있다.

시금치 대용으로 자주 먹었던 식물이다. 줄기로 지팡이를 만들면 중풍 예방이 된다는 전설이 있다. 잎은 마름모꼴의 달걀 모양으로 가장자리에서부터 붉은 보라색으로 아름답게 물든다. 시금치보다 칼슘의 함량은 3배가 넘고 비타민A, C도 시금치보다 훨씬 풍부하다. 단, 옥살산을 많이 함유하고 있어 데쳐서 먹어야 부작용이 없다.

분포_전국 **채취장소**_빈터, 들 **채취시기**_5~7월 **이용 부위**_어린순, 자란 싹의 끝 **이용 방법**_무침, 데침, 조림 **전체 크기**_60~150cm **잎 모양**_마름모꼴의 달걀 모양

산마늘_명이

Allium microdictyon Prokh.

☞ 마늘과 약성이 비슷해서 고혈압이나 동맥경화에 좋다.

'명이'리고도 한다. 부추보디 강한 냄세기 니고, 미늘 냄세도 은은하게 풍긴다. 한 뿌리에서 잎이 딱 2개씩 나온다. 부드럽고 두꺼운 잎은 살짝 데쳐서 어떤 요리에든 사용한다. 봄에 연한 잎을 생으로 초장과 함께 먹거나, 된장에 박아 두었다가 장아찌로 먹는다. 늦봄까지 식용할 수 있다.

분포_울릉도, 남부 지방 **채취장소**_깊은 산의 습지 **채취시기**_4~5월 **이용 부위**_봉오리, 잎, 비늘줄기 **이용 방법**_무침, 국거리, 장아찌 **전체 크기**_30~50cm **잎 모양**_긴 타원형, 길이 20~30cm

달래

Allium monanthum

☞ 한방에서는 달래의 꽃을 이질이나 자궁출혈에 약용하기도 한다.

미늘괴 흡시힌 냄새기 니고 맵디. 재배용도 많으나 신긴지빙의 밑이나 산속에서 난 달래가 향이 더 짙어 맛이 있다. 독특한 향기가 식욕을 돋우고, 소화액 분비를 촉진한다. 알뿌리와 잎을 생채로 무치거나, 된장찌개 등에 넣어 먹기도 한다. 아미노산이 풍부한 나물이라 건강주를 담거나 녹즙으로도 이용된다.

분포_전국 **채취장소**_산과 들(재배) **채취시기**_4~5월 **이용 부위**_어린잎, 비늘줄기 **이용 방법**_무침, 된장국 **전체 크기**_10~20cm **잎 모양**_선형 또는 넓은 선형, 10~20cm, 폭 3~8mm

산달래
Allium macrostemon Bunge

☞ 생으로 먹으면 목의 통증을 가라 앉히고 술을 담가 마시면 불면증에 좋다.

추운 겨울을 버티다가 봄이 되면 줄기가 나와 60cm 높이로 자란다. 달래와 비슷하며, 신선한 파 향내가 풍기는 어린순과 비늘줄기를 식용한다. 비늘줄기는 1년 내내 수확할 수 있으므로 이용하기 쉽다. 파와 부추와 같은 매운 맛이 찌개에 잘 어울린다. 잎은 살짝 데쳐서 무쳐 먹는다. 비늘줄기는 껍질을 벗겨 생으로 된장에 찍어 먹으면 좋다.

분포_전국 **채취장소**_산과 들 **채취시기**_3~5월(잎) 1년 내내(비늘줄기) **이용 부위**_어린잎, 비늘줄기 **이용 방법**_무침, 찌개 **전체 크기**_35~80cm **잎 모 양**_긴 선형, 길이 20~30cm

산부추

Allium thunbergii

☞ 몸이 찬 사람에게 매우 이로운 산나물이다.

머리장식 무양의 귀여운 꽃이 줄기 끝에서 열린다. 줄기는 가늘고 길게 자라며, 잎에 비해 향기는 약한 편이다. 재배 부추보다 맛이 훨씬 깊고 향기도 진하다. 사찰에서도 이용되는 식재료로, 어린잎을 생으로 먹거나 전초를 삶아서 나물로 이용한다. 몸을 따뜻하게 하는 효능이 있다.

분포_전국 **채취장소_**산지 **채취시기_**4~10월 **이용 부위_**전초 **이용 방법_**무침, 데침, 겉절이, 부침 **전체 크기_**30~60cm **잎 모양_**가늘고 긴 선형, 길이 20~54cm, 폭 2~7mm

괭이밥

Oxalis corniculata L.

☞ 소염, 해독, 설사 등의 작용을 한다.

옥살산이 많아 씹으면 신맛이 나지만, 온갖 독을 해독하고 면역력을 키워주는 산나물이다. 신선한 잎과 꽃은 샐러드로 이용하면 좋다. 특유의 신맛이 무더운 여름 입맛을 돋구는 데 안성맞춤이다. 특히, 고기와 함께 먹으면 고기를 먹어 생기는 육독을 해독하는 데 아주 좋다. 어린잎을 뜯어 나물무침을 하거나 비빔밥에 넣어 먹을 수도 있다.

분포_중남부 지방 **채취장소**_들, 밭, 빈터 **채취시기**_4~5월 **이용 부위**_어린잎, 꽃 **이용 방법**_무침, 데침, 샐러드 **전체 크기**_10~30cm **잎 모양**_하트 모양, 길이 1~2.5cm

금낭화   *Dicentra spectabilis*

☞ 피부 주름 개선 효과가 있어 화장품 원료로 자주 쓰는 풀이다.

며느리주머니라고도 히고 머느리취리고도 부른다. 밋이 매우 써서 시어머니가 미운 며느리에게 먹이던 식물이다. 약간의 독성분이 있지만 뜨거운 살짝 데친 후 묵나물로 만들어 틈틈이 무쳐 먹으면 그 맛이 일품이다. 햇볕에 통하는 곳에서 말려 묵나물로 만든다. 하루 정도 물에 우려내야 쓴맛이 가신다.

분포_중부 지방 **채취장소**_산과 들 **채취시기**_4~5월 **이용 부위**_어린잎 **이용 방법**_무침, 묵나물 **전체 크기**_50~60cm **잎 모양**_달걀 모양의 쐐기꼴, 길이 3~6cm 폭 1_1.5cm

민들레

Taraxacum platycarpum

☞ 중국에서는 민들레 생즙을 유방암과 유종의 고름을 없애는 데 사용한다.

비릴 깃이 하나도 없는 식물로 영양가도 매우 높다. 뿌리는 땅 밑으로 쭉 뻗어나가기 때문에 채취할 때는 깊이 파 내려가야 한다. 잎은 중심부의 부드러운 것을 먹는다. 꽃은 시들기 쉬우므로 따면 바로 데쳐서 그대로 튀긴다. 잎은 데쳐서 사용하며, 뿌리를 말려 차로 끓일 수 있다. 유럽에서는 민들레로 만든 샐러드가 메뉴에 오른다.

분포_전국 **채취장소**_산과 들 **채취시기**_1년 내내
이용 부위_어린잎, 꽃, 뿌리 **이용 방법**_무침, 볶음, 샐러드, 절임, 차 **전체 크기**_35~80cm **잎 모양**_갈라진 깃털형, 길이 5.5~15cm

쇠서나물 · *Picris hieracioides var.glabrescens*

☞ 한방에서 풀 전체를 설사, 기침등의 약용으로 사용한다.

줄기나 잎에 억센 잔털이 있어서 피부에 닿으면 마치 소가 핥았을 때의 감촉과 비슷한 느낌을 받는다. 이른 봄, 로제트 모양의 어린잎을 뿌리 밑동에

서부터 딴다. 소 혓바닥을 닮은 꺼칠꺼칠한 잎은 삶으면 부드러워진다. 약간 쓴맛이 나지만 맛있다. 나물이나 무침, 된장국으로 이용할 수 있다.

분포_전국 **채취장소**_산지의 둑, 초원 **채취시기**_3~4월 **이용 부위**_어린잎 **이용 방법**_무침, 볶음, 국거리 **전체 크기**_35~80cm **잎 모양**_가장자리가 삐쭉삐쭉한 피침형, 길이 9~13cm, 폭 1-4cm

모시대

Adenophora remotiflora

☞ 뿌리나 줄기에서 나오는 흰 유액이 독성을 풀어주는 해독 작용을 한다.

숲의 반그늘이나 산지의 습한 곳에서 난다. 줄기를 꺾으면 흰 유액이 나오는 특징이 있다. 어릴 때 밑동까지 채취하고 제법 자라면 줄기의 부드러운 부분을 꺾는다. 씹히는 맛이 좋고 상큼하다. 삶아 먹거나 날 것 그대로 장아찌로 먹는다. 무엇보다 삼겹살과 함께 쌈을 싸서 먹으면 그윽한 향이 어울려 아주 맛있다.

분포_전국 **채취장소**_숲, 산의 골짜기 **채취시기**_4~5월 **이용 부위**_어린잎, 어린줄기 **이용 방법**_쌈, 무침, 김치 **전체 크기**_약 100cm **잎 모양**_가장자리가 삐죽삐죽한 계란형, 길이5~20cm

모시풀

Boehmeria nivea

☞ 풀 전체를 탕으로 달여 먹으면 류머티즘이나 관절통에 도움이 된다.

들이나 산의 그늘진 곳에서 자란다. 예로부터 훌륭한 섬유 자원으로서 한산 모시를 만드는 바로 그 풀이다. 어린순은 데쳐 나물로, 성숙하면 가루내서 떡을 만든다. 향이 진하지는 않지만 담백한 맛이 일품이다. 칼슘, 식이섬유, 무기질 성분이 다량 함유되어 있어서 차를 끓이거나 가루내서 마시기도 한다.

분포_중부 이남 **채취장소**_산지의 약간 그늘진 곳 **채취시기**_4~5월 **이용 부위**_어린순 **이용 방법**_나물, 튀김, 묵나물, 된장국 **전체 크기**_40~100cm **잎 모양**_달걀꼴인 원형, 길이 10~16cm, 폭 5~12cm

더덕

Codonopsis lanceolata

☞ 많이 먹으면 변비가 해소된다.

향과 맛 뿐만 아니라, 식이섬유와 무기질이 풍부하다. 습기가 있는 숲이나 계곡에서 길이 2m 정도의 덩굴로 다른 풀을 휘감으며 자란다. 덩굴을 꺾으면 하얀 유액이 나오며 특유의 향이 쏟아진다. 어린 잎은 나물 또는 쌈으로 먹고, 뿌리는 양념을 발라서 구이를 해 먹든지 아니면 잘게 쪼개어 무침을 해 먹는다.

분포_전국 **채취장소**_산지의 습한 곳 **채취시기**_4~5월 **이용 부위**_어린잎, 덩굴 끝, 뿌리 **이용 방법**_무침, 볶음, 묵나물 **전체 크기**_약 2m **잎 모양**_피침형 또는 긴 타원형, 길이 3~10cm

도라지

Platycodon grandiflorum

☞ 흰꽃이 피는 백도라지의 약성이 더 좋다.

산과 들에서 나며 재배를 하기도 한다. 줄기에 상처를 입으면 더덕과 마찬가지로 흰 유액을 분비한다. 오래 묵은 것의 약성은 산삼과 비슷하다고 하며, 재배한 것보다 야생에서 캔 것의 약성이 4배 이상 높다. 잔뿌리가 많은 껍질을 벗겨낸 후 소금물에 담가두어야 아린 맛이 가신다. 보통 볶음이나 무침으로 이용하지만 장아찌를 만들기도 한다.

분포_전국 **채취장소**_산과 들의 양지 **채취시기**_5~6월 **이용 부위**_뿌리 **이용 방법**_무침, 볶음, 구이 **전체 크기**_40~100cm **잎 모양**_톱니가 있는 긴 타원형, 길이 4~7cm, 폭 1.5~4cm

밀나물

Smilax riparia var. ussuriensis

☞ 한방에서 뿌리를 우미채라 하여 몸이 붓는 증상을 치료한다.

우리나라 뿐 아니리, 일본에서도 '신체의 여왕'으로 대우 받는 진미의 산나물이다. 어린순은 아스파라거스를 닮고 잎은 청미래덩굴과 비슷하다. 이른 봄, 잎이 열리기 전의 새싹과 줄기를 식용한다. 무치거나 국을 끓여서 먹고, 새싹은 얇은 옷을 입혀 튀김을 만들어도 좋다. 씹히는 감촉이 좋은 매우 향기로운 나물로 고추장과도 궁합이 잘 맞는다.

분포_전국 채취장소_산과 들 채취시기_4~5월 이용 부위_어린순, 줄기 이용 방법_쌈, 무침, 볶음, 튀김 전체 크기_40~80cm 잎 모양_끝이 뾰족한 달걀 또는 긴 타원형, 길이 5~15cm, 폭 2.5~7cm

박쥐나물

Parasenecio hastata subsp

☞ 관절통, 근육통, 요통에 잘 듣는다.

상큼한 향과 적당히 씁쓰레한 맛이 그만이다. 씹히는 맛이 아삭아삭하고 쓴 맛이 약하다. 군생하며 크게 자란다. 줄기가 굵고 높이는 30cm 정도까지 큰 것을 자연스럽게 꺾어서 딴다. 줄기는 속이 텅 비어 있다. 여러 유사종이 있으며, 특히 산나물로 친숙하고 지역에 따라 부르는 이름도 다양하다.

분포_전국 **채취장소**_습한 초원이나 숲 **채취시기**_5~6월 **이용 부위**_어린잎, 어린줄기 **이용 방법**_무침, 데침, 국거리 **전체 크기**_1~2m **잎 모양**_삼각형태의 창 모양, 길이 25~35cm, 폭 30~40cm

윤판나물 — *Disporum sessile*

☞ 애기나리, 풀솜대, 둥굴레와 잎 모양과 싹 트는 시기가 같아 혼동하기 쉽다.

황금색 또는 흰색의 가늘고 긴 꽃이 꽃차례를 이루며 아래쪽을 보고 핀다. 어릴 때 잎이 둥굴레와 비슷해서 구별하기가 쉽지 않지만 꽃의 모양은 완전히 다르다. 어린순을 데쳐서 나물로 먹거나 국을 끓여 먹는다. 부드럽고 맛이 좋으나 미세한 악취가 나고 많이 먹으면 배탈이 나기 때문에 데친 후 찬물로 충분히 우려낸 다음 조리한다.

분포_중부 이남, 울릉도, 제주도 **채취장소**_숲 속 음지 **채취시기**_4~5월 **이용 부위**_잎, 줄기 **이용 방법**_무침, 볶음, 묵나물 **전체 크기**_30~60cm **잎 모양**_긴 타원형, 길이 5~15cm, 폭 3~6cm

애기나리

Disporum smilacinum A.Gray

☞ 풀솜대, 둥굴레와 잎 모양과 싹 트는 시기가 같아 혼동하기 쉽다.

매우 사랑스러운 꽃을 피운다. 넓은 잎에 가려져 자세히 봐야 볼 수 있을 만큼 작다. 한 번 보면 애기나리라는 이름이 왜 붙었는지 곧바로 알 수 있다. 맛이 달고 잡내가 없어서 된장이나 고추장에 무쳐 먹거나 묵나물로 이용한다. 일본도감에는 독이 있다고 기록하고 있지만, 아직까지 독성은 확인되지 않고 있다.

분포_경기, 강원 이남 **채취장소**_산지의 그늘진 곳 **채취시기**_4~5월 **이용 부위**_어린잎 **이용 방법**_무침, 묵나물 **전체 크기**_20~40cm **잎 모양**_끝이 뾰족한 긴 타원형, 길이 4~7cm, 폭 1.5~3cm

풀솜대

Smilacina japonica

☞ 비타민 A · C가 풍부하게 들어 있는 아주 맛있는 산나물이다.

눈이 내린 것처럼 잔잔한 솜털 모양의 흰 꽃이 숲속을 환하게 비추며 핀다. 기근이 들었을 때 구황식물로 쓰였던 산채로, 새싹과 꽃이 피기 전의 어린 잎을 나물로 먹는다. 약간의 독성은 하루 정도 담궈두면 빠진다. 시금치보다 단맛이 있어서 무침은 물론, 찌개나 볶음에도 잘 어울린다. 잎을 데쳐 쌈을 싸 먹기도 한다.

분포_전국 **채취장소**_산지의 숲속 **채취시기**_3~4월 **이용 부위**_어린순, 어린잎 **이용 방법**_무침, 데침, 무침, 볶음 **전체 크기**_20~40cm **잎 모양**_끝이 뾰족한 긴 타원형, 길이 4~7cm, 폭 1.5~3cm

둥굴레

Polygonatum odoratum

☞ 둥굴레 차는 뿌리를 우려낸 것으로, 사포닌 성분이 기력 회복을 돕는다.

잎이 둘러 싼 굴림대의 어린싹과 땅속으로 뻗어있는 뿌리줄기를 사용한다.
아스파라거스와 비슷한 맛과 단맛이 있다. 잎 부분에 있는 약간 쓴맛은 살
짝 데쳐서 없앤 뒤 참기름을 넣고 된장, 고
추장에 무버무린다. 된장국이나 맑은 장국
등에도 궁합이 아주 좋다. 생뿌리는 녹즙
으로 이용한다.

분포_전국 **채취장소**_산과 들 **채취시기**_4~5월 **이
용 부위**_어린잎, 뿌리 **이용 방법**_무침, 데침, 샐러
드 **전체 크기**_30~80cm **잎 모양**_긴 타원형, 길이
5~10cm, 폭 2~5cm

유채

Brassica campestris subsp. napus

☞ 칼슘의 함유량은 시금치의 5배가 넘는다.

꽃이 피기 전의 잎은 무와 닮았다. 귀하게 대접받는 나물로, 약간의 섬유질
이 있으나 다른 채소와 함께 쌈으로 먹을 수 있다. 또, 살짝 데쳐 고추장에
조물조물 버무리거나 겉절이로 만들어 먹
으면 아주 맛있다. 칼슘과 비타민 A와 C가
매우 풍부해서 자주 먹으면 몸에 쌓인 피
로가 풀리고 혈액순환에 큰 도움이 된다.

분포_제주, 남부지방 **채취장소**_들과 밭 **채취
시기**_4~5월 **이용 부위**_어린잎, 어린줄기 **이
용 방법**_데침, 무침, 쌈, 국거리, 겉절이 **전체 크
기**_35~80cm **잎 모양**_넓은 댓잎피침형

두릅

Aralia elata

☞ 많이 먹으면 변비를 해소할 수 있다.

우산 같이 퍼지면서 자라는 새순을 귀하게 여겨 재배하기도 한다. 이른봄에 채취한 새순을 식용한다. 나무에 달려 있는 가시는 오래 되면 자연히 떨어진다. 살짝 데쳐서 초고추장에 무치거나 찍어 먹으면 잃었던 입맛이 되살아난다. 쇠고기와 함께 꿰어 두릅산적을 만들거나 김치, 튀김, 샐러드로 만들어 먹기도 한다.

분포_전국 채취장소_양지바른 산기슭 채취시기_3~5월 이용 부위_새순 이용 방법_무침, 데침, 튀김, 김치 전체 크기_20~25cm 잎 모양_난형, 가지 끝에 모여 사방으로 난다. 길이 5~12cm

독활

Aralia continentalis

☞ 중풍을 치료하는 중요한 약초 중의 하나.

줄기 윗부분에서 가지가 갈라지며, 공처럼 둥근 모양으로 작은 꽃들이 무리지어 핀다. 땅에서 나는 두릅나무라 하여 '땅두릅'이라고 부르기도 한다.

봄에 갓 나온 새싹을 식용으로 쓰는데, 향취가 좋고 식감이 뛰어나 미식가들이 4월을 학수고대하게 만든다. 살짝 데쳐 초장에 찍어먹거나 나물로 먹는다.

분포_전국 **채취장소**_산의 반음지 **채취시기**_4~5월 **이용 부위**_어린순 **이용 방법**_데침, 무침, 볶음 **전체 크기**_35~80cm **잎 모양**_달걀꼴 또는 타원형, 길이 5~30cm, 폭 3~20cm

음나무순_ 개두릅

Kalopanax pictus

☞ 말린 뿌리로 차를 만들어 마시면 혈당 수치를 낮출 수 있다.

두릅나무처럼 식용한다고 이름도 개두릅이나. 나무줄기에 난 날카롭고 험상궂은 가시를 보면 두릅나무 가시는 귀여울 정도로 보인다. 두릅나무와 같은 곳에서 자라는 경우가 많으며, 이른 봄날 돋는 굵고 큰 새싹을 식용한다. 달콤하면서 부드럽게 씹히는 맛이 있어 즐겨 먹는다.

분포_전국 **채취장소**_산기슭, 인가 부근 **채취시기**_4~5월 **이용 부위**_잎, 줄기 **이용 방법**_무침, 볶음, 묵나물 **전체 크기**_10~20m **잎 모양**_손바닥 모양으로 갈라진 원형, 길이, 폭 10~30cm

기린초

Sedum kamtschaticum

☞ 말린 잎으로 차를 만들어 마시면 인삼과 같은 강장 효과를 기대할 수 있다.

별 모양을 한 꽃들이 옹기종기 모여 하나의 꽃봉오리처럼 보인다. 척박한 환경에서도 잘 적응하는 식물로, 줄기와 잎이 두텁고 강하게 생겼다. 어린 순을 끓는 물에 데쳐서 쓴 맛을 없앤 다음 묵나물로 만들어 먹는다. 그런 다음에 과메기처럼 김이나 다시마에 둘둘 말아 초장에 찍어 먹으면 맛이 담백한 게 꽤 맛있다.

분포_중부 지방 **채취장소**_산과 들의 바위 틈 **채취 시기**_4월 **이용 부위**_어린순 **이용 방법**_묵나물 **전체 크기**_5~30cm **잎 모양**_달걀꼴 또는 긴 타원형, 길이 3~4cm

돌나물_ 돈나물   *Sedum sarmentosum*

☞ 피를 맑게 해 혈액의 흐름을 원활케 하는 효능이 있다.

끝이 뾰쪽하고 도톰한 잎을 1년 내내 먹을 수 있다. 상큼한 향미가 봄의 식욕을 돋구는데 그만이다. 야생 특유의 풋내가 나므로 소금물에 씻은 후 콩나물 삶듯이 살짝 데쳐서 먹는 것이 좋다. 어린 잎과 줄기를 뜯어 물김치를 담거나, 나물로 먹는다. 양념에 버무려 비빔밥에 넣어도 좋다.

분포_전국 **채취장소_**산과 들의 바위 틈 **채취시기_**3~5월(제철),연중 **이용 부위_**어린잎 **이용 방법_**나물, 쌈, 물김치, 묵나물 **전체 크기_**5~15cm **잎 모양_**댓잎피침형 또는 긴 타원형, 길이 2~3cm

얼레지_가재무릇

Erythronium japonicum

☞ 피를 맑게 해 혈액의 흐름을 원활케 하는 효능이 있다.

봄을 채색하는 대표적인 야생화. 산나물 중에서 가장 아름다운 꽃을 피우지만 안타깝게도 향기가 없다. 봄에 돋는 새순을 식용하는데, 쓴맛과 풋내가 없으며 살짝 단맛이 난다. 식감을 살리기 위해서는 재빨리 삶아 즉시 찬물에 헹궈야 한다. 양념을 넣고 매콤하게 무치거나 된장국을 끓여서 먹는다.

분포_전국 채취장소_높은 산이나 고원 채취시기_3~5월 이용 부위_어린순 이용 방법_나물, 국거리, 묵나물 전체 크기_20~40cm 잎 모양_타원형 또는 달걀꼴, 길이 6~12cm, 폭 2.5~5cm

원추리

Hemerocallis fulva

☞ 피를 맑게 해 혈액의 흐름을 원활케 하는 효능이 있다.

다른 산채에 비해 빨리 자라며, 깊은 산에서 채취한 것일수록 여하고 부드럽다. 주로 김치를 담거나 나물로 무쳐 먹는데, 담백하면서도 살짝 달콤하며 씹히는 맛이 아주 매력적이다. 칼로 밑둥을 잘라서 끓는 물에 살짝 데친 뒤 고추장 또는 된장무침을 해서 먹어도 맛이있고, 식초를 넣고 샐러드로 먹어도 맛있다.

분포_전국 **채취장소**_산지의 양지바른 곳 **채취시기**_4~5월 **이용 부위**_어린순 **이용 방법**_나물, 국거리, 묵나물 **전체 크기**_약 1m **잎 모양**_선형, 길이 60~80cm, 폭 12~15mm

뱀무   *Geum japonicum*

👁 최근, 동맥경화에 효능이 있다는 연구결과가 발표되었다.

이름과는 달리 노랗고 애처로운 꽃이 피는 풀이다. 줄기잎은 넓은 달걀형이지만, 뿌리에서 나는 잎은 무의 잎과 닮았다. 의외로 맛이 좋다. 쓴맛이 없으니 한 번 데친 다음 참기름에 무치면 된다. 뿌리는 껍질을 벗겨 당근이나 오이처럼 날 것으로 먹거나, 장아찌로 이용하기도 한다.

분포_중부이남 **채취장소**_산, 들의 습윤한 곳 **채취시기**_3~5월 **이용 부위**_어린잎, 뿌리 **이용 방법**_나물, 묵나물, 장아찌 **전체 크기**_25~100cm **잎 모양**_달걀꼴 또는 넓은 타원형, 길이, 나비 3~6cm

뿌리뱅이

Youngia japonica

☞ 뿌리 속에 해독, 해열작용을 하는 이눌린 성분이 무궁무진하게 들어 있다.

보리뱅이, 박조가리 나물이라고도 한다. 노란색 꽃이 5월부터 늦가을 무렵까지 피며, 뿌리에서 나온 로제트 잎이 비스듬히 퍼져 무잎처럼 갈라진다. 거칠지 않고 부드러워서 날 것이나 무침, 된장국 등 다양한 식재로 사용한다. 어린 잎만 먹어도 입맛을 돋구지만, 뿌리째 김치를 담그면 쌉쌀한 맛이 일품이다.

분포_전국 채취장소_들, 길가, 밭둑 채취시기_3~5월 이용 부위_어린잎 이용 방법_나물, 묵나물, 김치 전체 크기_15~100cm 잎 모양_거꾸로 된 댓잎피침형, 길이 8~25cm, 폭 2~6cm

쇠별꽃

Stellaria aquatica

☞ 뿌리 속에 해독, 해열작용을 하는 이눌린 성분이 무궁무진하게 들어 있다.

옛날엔 닭의 먹이로 많이 사용되었던 풀이다. 너무 작기 때문에 눈에 잘 띄지는 않지만 시금치처럼 순하고 맛있는 나물이다. 어린순을 나물로 하거나 국에 넣어 먹는다. 쓴맛이 없으므로 데쳐서 찬물에 헹구기만 하면 된다. 때로는 소금에 절여서 김치, 생채로도 먹을 수 있다. 별꽃 개별꽃 모두 먹을 수 있는 산채다.

분포_전국 채취장소_밭과 들의 습한 곳 채취시기_4~5월 이용 부위_어린잎 이용 방법_나물, 국거리, 김치 전체 크기_20~50cm 잎 모양_달걀꼴, 길이 1~6cm, 폭 8~30mm

갈퀴나물

Vicia amoena

☞ 약간의 쓴맛은 소화액 분비에 도움이 되기도 한다.

잡초처럼 보이지만 각종 미네랄이 풍부한 유익한 식물이다. 3~4월에 갓 올라온 연한 순이나 어린잎을 뿌리째 캐서 나물무침이나 된장국으로 끓여 먹는다. 씹히는 맛이 있고 약간 쌉싸래한 게 유채나물 비슷한 맛이 난다. 줄기가 억새지면 튀김으로 이용하거나 뜨거운 물에 데쳐 햇볕에 말려 묵나물을 만든다.

분포_전국 **채취장소**_밭과 들의 습한 곳 **채취시기**_4~5월 **이용 부위**_어린순, 줄기 **이용 방법**_나물, 된장국 **전체 크기**_20~50cm **잎 모양**_ 타원형 또는 댓잎피침형, 길이 15~30mm, 폭 4~10mm

갯무

Raphanus sativus L.

☞ 뿌리는 무처럼 기침, 기관지염 등에 효과가 있다.

바닷가의 모래땅이나 자갈밭에서 자란다. 무가 야생화한 것으로, 재배 무보다 매운 맛과 향이 강하고 영양소는 더 뛰어나다. 채취할 때는 무 뽑듯이 넓은 잎을 다발로 묶어서 뿌리째 뽑는다. 아삭아삭 씹히는 맛이 있고 시원한 성질을 가져서 잎과 뿌리로 김치를 담거나 된장국을 만들어 먹는다.

분포_남부지방, 제주도 **채취장소**_바닷가 모래땅 **채취시기**_4~5월 **이용 부위**_뿌리, 잎 **이용 방법**_나물, 김치, 된장국 **전체 크기**_40~60cm **잎 모양**_깃꼴잎형, 길이 5-20cm, 폭 2-5cm

반디나물_ 파드득나물   *Cryptotaenia japonica*

☞ 혈액 순환을 촉진하고 가려움을 멎게 하는 효능을 갖고 있다.

마트에 많이 나와 있어서 산나물이라기보다는 채소로 친숙하다. 야생은 씹히는 맛이 있고 재배한 것에 비해 향이 비교가 안 될 정도로 진하다. 개화 전이 제철이지만, 잎이 1년 내내 나기 때문에 언제라도 채취할 수 있다. 싱그러운 맛과 향기가 일품이라 삼겹살 등 고기를 구워 먹을 때 아주 잘 어울린다.

분포_전국 **채취장소**_숲 속의 응달 **채취시기**_4월, 연중내내 **이용 부위**_잎, 줄기 **이용 방법**_나물, 쌈, 데침 **전체 크기**_30~60cm **잎 모양**_톱니가 있는 달걀꼴, 길이 3~8cm, 폭 2~6cm

벌깨덩굴

Meehania urticifolia (Miq.) Makino

☞ 전초 달임약을 냉, 대하 증상에 쓰기도 한다.

잎과 줄기에서 은은한 향이 나는 산채로, 잎 모양이 깻잎을 닮았다고 해서 벌깨덩굴이라고 부른다. 꽃이 모두 한 방향으로 피는 특징이 있다. 풋내나 잡내가 없어서 우려낼 필요는 없다. 씹히는 식감이 좋고 맛은 꽤 담백하다. 어린순은 살짝 데쳐 나물로 무치고, 꽃은 튀김으로 이용할 수 있다.

분포_전국 **채취장소**_산지의 그늘 **채취시기**_여름 내내 **이용 부위**_뿌리, 잎 **이용 방법**_나물, 쌈, 데침 **전체 크기**_15~30cm **잎 모양**_톱니가 있는 삼각꼴 인 심장형, 길이 2~5cm, 폭 2~3.5cm

거지덩굴

Cayratia japonica

☞ 해독작용을 하는 성분이 이마의 여드름이나 종기를 없애 준다.

뽑아도 뽑아도 무성하게 자라는 덩굴식물로, 줄기마디에 긴털이 있어 다른 식물체로 뻗어 왕성하게 퍼진다. 봄철의 어린 싹이나 연한 덩굴의 끝 줄기는 꽤 먹을만하다. 역한 냄새가 강하기 때문에 오랫동안 데친 다음 갖은 양념과 함께 나물로 이용한다. 특유의 매운 맛이 입맛을 북돋워 준다.

분포_제주도, 중부 지방 **채취장소_**바닷가 모래땅 **채취시기_**4월, 연중내내 **이용 부위_**뿌리, 잎 **이용 방법_**나물, 쌈, 데침 **전체 크기_**3~4m **잎 모양_**손바닥모양의 겹잎

달맞이꽃

Oenothera odorata

☞ 씨앗은 기름을 짜서 약용한다. 여성의 갱년기 증상에 아주 좋다.

저녁에 피고 아침에 진다고 해서 달맞이꽃이라고 부른다. 전초에 짧은 털이 촘촘히 나 있으며, 꽃이 예뻐서 원예용으로도 인기가 높다. 봄철, 부드러워 보이는 새싹을 뿌리 밑동에서부터 뜯는다. 매운 맛이 있으므로 데쳐서 한번 우려 내고 말려서 묵나물로 먹는다. 꽃봉오리는 튀김을 해 먹어도 좋다.

분포_전국 **채취장소**_빈터, 들, 둑길 **채취시기**_이른 봄 **이용 부위**_어린잎, 꽃봉오리 **이용 방법**_묵나물, 데침, 튀김 **전체 크기**_50~90㎝ **잎 모양**_선 모양의 댓잎피침형

배초향

Agastache rugosa

☞ 햇볕에 잘 말린 잎을 두통이나 구토, 해열제 등으로 쓸 수 있다.

전초의 강한 향기로 인해 주로 방향제로 이용하며, 구취를 없앨 때 사용하면 유용한 식물이다. 제철은 봄에서 여름까지로, 어린잎을 깻잎처럼 고기를 싸 먹을 수 있다. 독특한 향취를 가진 한국 고유의 향신료로서 전라도에서는 보신탕, 경상도 지역에서는 민물 매운탕에 넣거나 떡이나 전을 만들어 먹기도 한다.

분포_전국 **채취장소_**빈터, 들, 둑길 **채취시기_**4~5월 **이용 부위_**어린잎 **이용 방법_**쌈, 매운탕, 떡, 전 **전체 크기_**40~100cm **잎 모양_**갈라진 좁은 삼각형, 길이 5~15cm

꽃다지_ 코딱지나물

Draba nemorosa var. hebecarpa

👁 씨앗은 말려서 약재로 쓰는데 오래된 변비를 없애는 효능이 있다.

달래, 냉이와 함께 봄을 대표하는 나물로 꼽는다. 이른 봄에 냉이와 비슷하게 생긴 뿌리 잎을 캐서 나물이나 국거리로 식용한다. 어린순은 살짝 데쳐서 떫은 맛을 제거한 뒤 무침을 해 먹는다. 맛이 담백하고 쓴맛이 없어 가볍게 흐르는 물에 헹구기만 하면 된다. 생식으로 또는 녹즙을 내어 마시기도 한다.

분포_전국 **채취장소**_들이나 밭 **채취시기**_3~4월 **이용 부위**_어린순 **이용 방법**_무침, 쌈, 녹즙 **전체 크기**_10~20cm **잎 모양**_작고 긴 타원형, 길이 1~3cm

줄풀 *Zizania latifolia*

☞ 해독제로 명성이 높다. 뿌리를 캐어 즙으로 또는 달여서 마신다.

물가에 사는 볏과 식물이다. 잎 가장자리가 날카로워 스치면 베일 수 있으니 조심해야 한다. 봄에 나는 가늘고 작은 줄기를 죽순이나 연근처럼 조림으로 먹는다. 쓰거나 풋내가 전혀 없고 뒷끝에 살짝 단맛이 감돌아 입맛을 당긴다. 미국에서는 씨앗을 야생쌀이라고 부르며 즐겨 먹는다.

분포_제주도, 중남부 지방 **채취장소**_연못, 냇가, 늪 **채취시기**_3~4월 **이용 부위**_속줄기, 어린싹, 씨앗 **이용 방법**_밥, 조림 **전체 크기**_1~2m **잎 모양**_댓잎피침형, 길이 50~100cm, 폭 2~4cm

벗풀

Sagittaria trifolia

☞ 간에 이로워서 황달에 효능이 있는 식물이다.

논이나 도랑 등에서 자란다. 소귀나물과 비슷하지만 벗풀의 잎이 좀 더 굵고 뾰족하며 길다. 꽃이 피고 나면 줄기가 단단해져 먹을 수 없기에 개화

전에 따서 먹는다. 줄기의 껍질을 벗긴 후,
육류와 함께 곁들여도 좋고, 찌개에 넣어
도 괜찮다. 많이 먹어도 살이 찌지 않는다.
쇠귀나물보다 훨씬 맛있다.

분포_중남부 지방 **채취장소**_연못가, 습지, 도랑 **채취시기**_가을~겨울 **이용 부위**_알줄기 **이용 방법**_데침, 무침, 조림 **전체 크기**_80cm 정도 **잎 모양**_깊게 갈라진 화살촉형, 길이 5~15cm

소귀나물
sagittaria trifolia var. edulis

☞ 간에 이로워서 황달에 효능이 있는 식물이다.

잎 모양이 소의 귀를 닮았다. 물가에서 자라며, 땅속줄기가 옆으로 뻗어 끝에 알줄기가 달린다. 이 알줄기를 식용하고, 관상용으로도 심는다. 달면서 맵고 독성이 약간 있으니 반드시 끓는 물에 데쳐야 한다. 알줄기의 껍질을 벗긴 후, 각종 양념과 함께 나물로 무쳐 먹는다. 조림도 꽤 먹을 만 하다.

분포_전국 **채취장소**_논, 밭(재배) **채취시기**_가을~겨울 **이용 부위**_알줄기 **이용 방법**_데침, 무침, 조림 **전체 크기**_1m 정도 **잎 모양**_깊게 갈라진 화살촉형, 길이 50~70cm

바디나물

Angelica decursiva

☞ 뿌리를 약용하는데, 중증 당뇨병도 1년이면 치유가 가능하다고 한다.

꽃 색이 독특하게도 암자색이다. 하지만 이 색깔이 다른 미나리과 식물과 구분케 하는 포인트이다. 봄철의 어린순을 나물로 먹는다. 살짝 데쳐서 나물로 또는 쌈을 싸서 먹는다. 하지만 삶으면 주성분이 파괴되므로 고추장, 된장과 함께 쌈으로 먹는 것이 가장 좋다. 차로 만들어 마셔도 좋다.

분포_전국 **채취장소**_산이나 들의 습지 **채취시기**_4~5월 **이용 부위**_어린잎 **이용 방법**_데침, 무침, 쌈 **전체 크기**_80~150cm **잎 모양**_달걀꼴 또는 댓잎피침형, 길이 5~10cm, 폭 2~4cm

메꽃

Calystegia japonica

☞ 전초를 푹 끓여 마시면 당뇨나 고혈압에 좋다.

꽃은 작고 가늘고 긴 핑크색의 나팔꽃 느낌이다. 꽃이 없는 시기에도 채취할 수 있도록 잎의 모양을 기억해두면 좋다. 어린순은 나물로 먹고 땅속줄기는 삶아서 먹는다. 어린순은 쓴맛이 없고 담백하다. 땅속줄기는 고구마와 비슷한 맛이 나는데, 뿌리째 캐서 시루떡이나 밥을 지을 때 넣어 먹으면 달고 맛이 좋다.

분포_전국 채취장소_산이나 들 채취시기_4~5월 이용 부위_어린잎, 덩이줄기 이용 방법_데침, 무침, 찜 전체 크기_80~120cm 잎 모양_타원 모양의 댓잎피침형, 길이 5~10cm, 폭 2~7cm

갯메꽃

갯메꽃

망초

Erigeron canadensis

☞ 소화불량, 장염으로 인한 복통, 설사 등을 다스리는 약초이기도 하다.

달걀의 노른자처럼 생겨서 달걀꽃으로 부르기도 한다. 밭을 순식간에 망치기도 하지만, 봄나물 중에서도 아주 고급스러운 맛을 뽐내는 산나물이다.

야생 특유의 독특한 향은 약간의 소금을 넣은 물에 데치면 대부분 사라진다. 참기름을 넣고 시금치처럼 슴슴하게 무쳐도 되고, 고추장으로 새콤하게 무쳐도 된다.

분포_전국 **채취장소**_들, 길가, 밭 **채취시기**_4~5월 **이용 부위**_어린순 **이용 방법**_데침, 무침 **전체 크기**_100~150cm **잎 모양**_거꾸로 된 댓잎피침형, 길이 7~10cm, 폭 1~1.5cm

비름

Amaranthus mangostanus

☞ 옛날부터 여자들의 생리불순을 치료하던 약초로 이름 높다.

정원에서도 잘 자란다. 모르면 성가신 존재지만, 먹을 수 있다는 것을 알게 되면 한결 애착이 간다. 왕성하게 자라는 성가신 잡초지만, 먹으면 장수한다고 '장명채'라는 별명도 가졌다. 시금치보다 칼슘이 4배나 많고 맛도 시금치와 비슷하지만, 조금은 담백한 맛이다. 나물무침, 국 등의 요리에 이용하며 비빔밥에 빠지면 서운한 나물이다.

분포_전국 **채취장소**_길가, 빈터, 텃밭 **채취시기**_4~5월 **이용 부위**_어린순 **이용 방법**_무침, 국거리 **전체 크기**_약 100cm **잎 모양**_삼각 모양 또는 네모진 넓은 달걀꼴, 길이 4~12cm, 폭 2~7cm

솔나물　　　　　　　*Galium verum var. asiaticum*

☞ 꽃과 잎을 함께 달여 마시면 자궁암의 보조약으로 효과가 있다고 한다.

잎이 솔잎처럼 가늘어서 솔나물이라는 이름이 붙었다. 은은한 향기를 내뿜는 방향성 식물로, 꽃이 피기 전에 줄기 끝의 어린잎과 어린줄기를 식용한다. 쓴맛이 있으니 소금을 넣은 물에 잠시 뒀다가 조리해야 한다. 데쳐서 나물로 무쳐 먹거나, 잘게 썰어서 나물밥으로 먹는다.

분포_전국 **채취장소**_들 **채취시기**_4~5월 **이용 부위**_어린순, 어린줄기 **이용 방법**_무침, 데침, 나물밥 **전체 크기**_70~100cm **잎 모양**_끝이 뾰족한 선형, 길이 2~3cm, 폭 1.5~3mm

활나물

Crotalaria sessiliflora

☞ 최근 학계에서 자궁암, 폐암 등에 효능이 있는 것으로 보고되어 있다.

풀밭을 자세히 살피면 의외로 쉽게 발견할 수 있다. 콩과 식물로 약성이 강해 주로 약으로 이용하며, 이른 봄에 연한 순을 데쳐서 건조한 뒤 묵나물을 만들어 먹을 수 있다. 독성이 있으므로 반드시 끓는 물에 데쳐야 한다.

분포_전국 **채취장소**_산과 들의 양지 **채취시기**_4~5월 **이용 부위**_어린순 **이용 방법**_나물, 국거리 **전체 크기**_20~70cm **잎 모양**_넓은 선형 또는 댓잎피침형, 길이 4~10cm, 폭 3~10mm

노박덩굴

Celastrus orbiculatus

☞_ 열매를 생리통 치료에 쓴다.

잎과 새싹의 모양이 매화를 닮았다. 봄에 갓 자라난 어린순을 나물로 무쳐 먹고 단맛이 나는 열매 또한 식용한다. 특유의 쓴맛은 살짝 데쳐 찬물에 행구면 사라진다. 사실 약간의 쓴맛은 산나물의 별미이며, 소화력을 돕는 역할을 한다. 생식을 해도 괜찮다. 열매는 완전히 익었을 때 먹어야 맛있다.

분포_전국 **채취장소**_산과 들의 숲속 **채취시기**_이른 봄 **이용 부위**_어린순, 열매 **이용 방법**_데침, 무침 **전체 크기**_약 10m **잎 모양**_타원형 또는 뾰족한 원형, 길이 5~10cm

번행초

Tetragonia tetragonoides

☞ 차로 꾸준히 마시면 만성 위궤양, 위염 등을 쉽게 고친다.

모래사장에서 자라고 바위나 테트라포드, 어촌의 돌담에도 보인다. 줄기나 잎에 가는 돌기가 있어 햇빛을 받으면 반짝반짝 빛난다. 거의 1년 내내 채취할 수 있는데, 역시 맛있는 것은 봄의 부드러운 어린싹이다. 데쳐서 물에 헹궈 시금치 같은 감각으로 요리한다. 돌기가 혀에 깔깔하지만 쓴맛도 냄새도 없다.

분포_남쪽 해안 지방 **채취장소**_해안가 **채취시기**_4~5월 **이용 부위**_어린 싹, 자라난 싹의 끝 **이용 방법**_무침, 조림 **전체 크기**_40~60cm **잎 모양**_달걀 모양의 삼각형, 길이 4~6cm, 폭 3~4.5cm

비비추

Hosta longipes

☞ 인삼과 같은 사포닌 성분이 결핵과 궤양을 치료한다.

옥잠화와 혼동하기도 하지만 다른 식물이다. 옥잠화는 흰색이며, 비비추는
보라색 꽃을 피운다. 비벼먹는 나물이라는 이름대로 조물조물 비벼서 사용
한다. 일반 채소처럼 연하고 감칠맛이 나
며, 산나물 특유의 쓴맛이나 풋내는 없다.
아삭한 식감을 살리기 위해서는 살짝 데쳐
서 찬물에 금방 헹궈야 한다.

분포_중부 이남 **채취장소**_산지의 골짜기와 냇가
채취시기_이른 봄 **이용 부위**_어린순 **이용 방법**_
나물, 무침, 국거리 **전체 크기**_30~40cm **잎 모양**_
달걀꼴의 심장형, 길이 12~13cm, 폭 8~9cm

참소리쟁이
Rumex japonicus Houtt.

☞ 한방에서 뿌리를 옴이나 피부병을 고치는데 쓴다.

강한 신맛과 점액이 있다. 월동 중인 잎의 뿌리에서 나온 어린싹을 먹는다. 점액으로 끈적거려서 손으로 따는 것은 매우 힘들다. 채취하려면 반드시 가위와 칼이 필요하다. 어린싹을 둘러싼 막을 제거하고 잘 데쳐서 물로 헹군다. 담  석의 원인인 옥살산이 많이 들어있으므로 너무 많이 먹지 않도록 한다.

분포_전국 **채취장소**_논두렁, 습한 길가 **채취시기**_11~4월 **이용 부위**_어린싹 **이용 방법**_무침, 초절임 **전체 크기**_40~100cm **잎 모양**_달걀 모양의 긴 타원형, 길이 10~25cm, 폭 4~10cm

수영

Rumex acetosa

☞ 민간에서는 위장병에 좋다고 많이 활용하고 있다.

먹으면 시큼한 맛이 훅하고 올라온다. 봄에는 어린잎이나 단단해지기 전이 줄기를, 겨울에는 붉게 서리 맞은 잎을 딴다. 신맛을 내는 수산이 많으므로 도라지처럼 물에 담가서 우려낸 다음 무쳐 먹으면 맛이 좋다. 소화기에 도움을 주는 좋은 식물이지만, 참소리쟁이와 마찬가지로 너무 많이 먹지 않도록 한다.

분포_전국 채취장소_들이나 길가의 풀밭 채취시기_11~5월 이용 부위_어린순, 어린줄기 이용 방법_무침, 초절임 전체 크기_30~80cm 잎 모양_물결모양의 긴 타원형, 길이 4~8cm

Part 2
약이 되는 산나물

꿀풀_ 하고초

Prunella vulgaris var. lilacina

☞ 생잎을 찧어서 타박상 부위에 붙이면 통증이 가라앉고 부기가 빠진다.

이른 봄에 싹을 틔워 여름 무렵에 꽃이 진다고 하고초라 부르며, 가재나물이라고도 한다. 한방에서는 식물 전체를 당뇨, 위염, 종기 등에 약용한다.

나물로 식용할 때에는 이른 봄에 채취한 새순을 사용한다. 뜨거운 물에 데쳐서 쓴 맛을 우려낸 후 무쳐먹거나, 전분을 묻혀서 기름에 튀겨 먹는다.

분포_전국 **채취장소_**산과 들의 양지바른 풀밭 **채취시기_**4~5월 **이용 부위_**어린잎 **이용 방법_**무침, 된장국 **전체 크기_**20~30cm **잎 모양_**긴 달걀꼴 또는 댓잎피침형, 길이 2~5cm

방풍_갯기름나물
Ledebouriella seseloides

☞ 최근에 호흡기 질환이 있는 사람들로부터 애용되고 있다.

풍을 예방하기에 방풍이라 부른다. 실제로 세상의 모든 풍을 제거한다고 알려져 있다. 산채로도 이름이 높아 어린잎과 연한 줄기를 쌈이나 나물, 장아찌 등으로 만들어 먹는다. 향이 좋고 달콤하며, 쌉쌀한 맛이 그만이다. 특히 돼지고기와 궁합이 잘 맞는다. 약용할 때는 중풍뿐 아니라 감기나 두통에도 쓴다.

분포_제주, 중북부 지방 **채취장소**_모래흙으로 된 풀밭 **채취시기**_4~5월 **이용 부위**_어린잎, 줄기 **이용 방법**_쌈, 나물 **전체 크기**_약 100cm **잎 모양**_갈라진 3회 깃꼴겹잎형

갯방풍

Glehnia littoralis

☞ 중풍예방에 탁월한 효능이 있다.

해안의 모래에 덮여 자라고 있는것을 발견한다면 잎을 한번 베어물고 강렬한 향과 특유의 맛을 즐겨봤으면 한다. 마트에서 구입하면 부드럽고 냄새도 없기 때문에 생으로도 맛있게 먹을 수 있지만, 야생의 잎은 다소 딱딱하고 향도 강하다. 그럴 때는 살짝 뜨거운 물을 데치면 좋다. 갯방풍을 고를 때는 줄기의 색이 깨끗하고 붉은 것을 선택한다.

분포_전국 **채취장소**_바닷가 모래땅 **채취시기**_4~5월 **이용 부위**_어린잎, 줄기 **이용 방법**_쌈, 나물 **전체 크기**_약 20cm 정도 **잎 모양**_삼각형 또는 달걀을 닮은 삼각형

호장_ 감제풀   *Reynoutria elliptica*

☞ 어린아이의 야뇨증에도 효과가 있다.

신맛이 나는 어린잎을 나물이나 국거리로 삼으며 가끔 생식하기도 한다. 껍질을 벗겨 생으로 씹으면 시큼한 즙이 입 안에 가득 찬다. 수영이나 참소리쟁이처럼 옥살산이 많으므로 너무 많이 먹지 않도록 한다. 많이 채취한 경우에는 소금을 뿌려 보존한다. 한방에서는 소변 보기가 어려운 통증이 심한 담석이나 요로결석에 약으로 쓴다.

분포_전국 **채취장소**_냇가와 산기슭의 양지 **채취 시기**_4~5월 **이용 부위**_어린잎, 어린줄기 **이용 방법**_초절임, 무침, 조림 **전체 크기**_1~2m **잎 모양**_넓은 계란 모양, 길이 6~15cm

질경이

Plantago asiatica

☞ 풀 전체를 약용하지만 씨앗의 약성이 더 높기 때문에 씨앗을 주로이용한다.

쓸모없이 보이지만 예부터 만병통치약으로 내우받아 온 훌륭한 약초이자 영양가 높은 나물이다. 전초와 씨를 달여 꾸준히 마시면 혈압 정상화에 도움이 된다. 나물로 이용할 때는 소금물에 살짝 데쳐 무치고, 국거리에 넣어 먹는다. 기름에 튀겨도 괜찮다. 튀김을 튀길 때 잎이 불룩해지면서 기름이 튀는 경우가 있으므로 주의하도록 한다.

분포_전국 **채취장소**_들, 빈터, 길가, 풀밭 **채취시기**_4~6월 **이용 부위**_어린잎 **이용 방법**_무침, 국거리, 튀김 **전체 크기**_10~50cm **잎 모양**_타원형 또는 달걀꼴, 길이 4~15cm, 폭 3~8cm

칡 — *Pueraria thunbergiana*

☞ 생잎을 짜서 상처난 곳에 붙이면 바로 지혈 효과를 볼 수 있다.

구황작물이었지만 요즘엔 건강식품으로 이용하는 경우가 많다. 커다란 잎은 나물로, 꽃은 튀김으로 이용한다. 차로도 끓여 먹을 수 있다. 꽃 튀김을 먹을 때에는 맛을 살리기 위해 소금으로 찍어 먹는 것을 추천한다. 뿌리를 갈근이라고 부르며 약용하는데, 몸에 열이 많은 사람에게 좋다. 조리할 때는 줄기껍질을 벗기고 털을 제거하는 것이 좋다.

분포_전국 **채취장소**_산기슭, 야산 **채취시기**_봄 **이용 부위**_어린잎, 꽃(봄) **이용 방법**_무침, 튀김, 차 **전체 크기**_10~50cm **잎 모양**_마름모꼴 또는 넓은 달걀꼴, 길이, 폭 각각 10~15cm

여우팥

Dunbaria villosa

☞ 독을 풀고 통증을 없애는 효능이 있다.

꽃이 팥과 비슷해서 붙은 이름이다. 남부 지방과 제주도의 풀밭에서 자라는 덩굴성 식물로, 주로 햇볕이 잘 드는 곳에서 자라지만 습기 있는 곳을 선호해 물기가 있는 숲이나 도랑에서도 많이 볼 수 있다. 한방에서 전초 및 종자를 야편두라 하여 피부 질환이나 대하증 등에 약용한다. 팥처럼 식용하기도 하지만 그다지 맛은 없다.

분포_제주도, 남부 섬 지방 **채취장소**_산이나 들, 바닷가의 숲 **채취시기**_4~6월 **이용 부위**_씨앗 **이용 방법**_팥밥 **전체 크기**_2m 정도 **잎 모양**_사각 모양의 달걀꼴, 길이, 폭 각각 1.5~3cm

차조기
Perilla frutescens

잎을 10장 정도 먹으면 생선류의 두드러기에 효과가 있다.

그윽한 향기로 식욕을 돋구는 식물이다. 주로 쌈으로 이용되며, 곰취나 들깻잎처럼 장아찌를 담을 수 있다. 소주와 간장을 7대 3 비율로 끓여서 식힌 후에 매실액을 넣으면 몇 년 지나도 맛이 변하지 않는다. 살균, 소독효과가 있어서 식중독 예방에 그만이며, 가슴이 답답하고 불안감에 어쩔 줄 모를 때 잎을 씹으면 진정이 된다.

분포_전국 **채취장소**_밭(재배) **채취시기**_4~6월 **이용 부위**_온포기 **이용 방법**_팥밥 **전체 크기**_20~80cm **잎 모양**_둥근 원형 또는 쐐기 모양

쇠뜨기

Equisetum arvense

☞ 미네랄이 풍부하고 특히 칼슘 함량은 시금치의 150배나 된다.

봄에 돋는 어린 줄기를 날 것으로 먹거나 삶아 먹는다. 풋내가 전혀 없고 맛과 향은 녹차와 비슷하다. 기름에 볶아 소금을 찍어 술 안주로 삼아도 된다. 성숙하면 단단해지기 때문에 부드러운 새순만을 식용한다. 탁월한 이뇨작용으로 신장과 방광의 결석을 녹여내며 아토피 치료에도 효과적이다.

분포_전국 **채취장소**_들, 빈터, 풀밭 **채취시기**_4월
이용 부위_어린순 **이용 방법**_데침, 국거리, 튀김
전체 크기_10~40cm **잎 모양**_비늘형 또는 칼집 모양

쇠비름

Portulaca oleracea

☞ DHA와 EPA가 담뿍 담긴 무료 건강 비타민이다.

번식력이 대단해서 단번에 성장한다. 예부터 죽을 쑤어 먹거나 약으로도 활용해 온 식물이다. 참기름과 궁합이 좋기 때문에 무쳐 먹어도 맛있고 일본식, 중국식 드레싱에도 잘 어울린다. 오메가3 지방산이 매우 풍부해서 동맥경화와 콜레스테롤이 걱정되는 사람은 반드시 섭취해야 하며, 아이들의 주의력 향상과 치매 예방에도 효과적이다. 약간 신맛이 있다.

분포_전국 **채취장소**_빈터, 길가, 풀밭 **채취시기**_4~6월 **이용 부위**_어린순 **이용 방법**_무침, 샐러드, 김치 **전체 크기**_10~30cm **잎 모양**_구두주걱 모양의 거꿀달걀꼴 , 길이 1~2cm

뚱딴지_돼지감자

Helianthus tuberosus L.

☞ 말릴 경우, 이눌린 성분이 4배 이상 증가한다.

생김새가 생강과 비슷하다. 슈퍼나 야채가게에서는 보이지 않지만 감자처럼 맛있게 먹을 수 있다. 이용 부위는 가을에 익는 뿌리덩이로, 칼로리가 감자의 절반 밖에 안 돼 다이어트용으로도 그만이다. 천연 인슐린이라고 하는 이눌린 성분이 풍부해서 당뇨병에 꾸준히 사용해 왔으며, 최근엔 미용과 건강을 지키는 식물로 주목을 끌고 있다.

분포_전국 **채취장소**_인가 주변 **채취시기**_9~11월
이용 부위_뿌리덩이 **이용 방법**_조림, 구이, 차 **전체 크기**_1.5~3m **잎 모양**_끝이 뾰족한 타원형, 길이 7~15cm, 폭 4~8cm

엉겅퀴

Cirsium japonicum

☞ 코피, 자궁출혈, 폐결핵 등 각종 출혈성 질환에 지혈 효과가 있다.

약간 쏩쓰레한 맛과 향으로 들판에 봄이 왔음을 알리는 산채 가운데 하나이다. 꽃이 진 후 자라는 잎과 자루를 나물로 식용한다. 어린 것일수록, 또는 그늘에서 자란 것이 부드럽고 쓴맛이 없다. 피를 엉기게 한다 해서 붙은 이름대로 약효가 좋은 산나물이다. 한방에서는 가을에 줄기와 잎을 말려 이뇨제, 지혈제로 사용한다.

분포_전국 **채취장소**_산이나 들 **채취시기**_ 5~8월 (잎) **이용 부위**_꽃봉오리, 잎, 잎자루 **이용 방법**_튀김, 무침, 조림, 장아찌 **전체 크기**_40~60cm **잎 모양**_댓잎피침 모양의 타원형, 지름 15~30cm.

지칭개

Hemistepta lyrata

☞ 청혈작용으로 각종 종기나 악창, 염증들을 다스린다.

엉겅퀴와 비슷하게 생겼지만 서로 다른 꽃이다. 엉겅퀴처럼 가시도 없고 외형도 훨씬 부드럽다. 엉겅퀴와 마찬가지로 어린 싹과 잎을 식용할 수 있

다. 쓴맛이 강하므로 대여섯 시간은 물에 담가두어야 한다. 대개 무침으로 많이 먹고, 쑥 대신 떡에 넣어 먹는다. 피를 맑게 해 많이 먹으면 혈액순환에 도움이 된다.

분포_중부 이남 **채취장소**_들, 길가, 밭둑, 빈터 **채취시기**_4~5월 **이용 부위**_어린잎 **이용 방법**_무침, 국거리, 튀김 **전체 크기**_60~80cm **잎 모양**_깃모양으로 갈라져 있고 뒷면에는 솜털이 있다.

나비나물

Vicia unijuga

☞ 혈압을 내리며 피로회복에 약효가 있다.

산길을 걷다 발견하면 저절로 발걸음이 멈춰질 것이다. 마주보며 달린 잎이 나비가 날개를 편 것과 같다고 나비나물이라고 부른다. 어린순과 꽃을 살짝 데쳐서 나물이나 국거리로 이용한다.

잎을 삶을 때 기분 좋은 팥향이 난다. 전초는 개화기 때 뿌리 째 채취해 달임약으로 쓴다. 숙취에 좋고 이뇨작용도 뛰어나다.

분포_전국 **채취장소**_산과 들 **채취시기**_4~6월 **이용 부위**_어린잎 **이용 방법**_무침, 국거리, 튀김 **전체 크기**_12~15mm **잎 모양**_타원형 또는 달걀꼴, 길이 4~15cm, 폭 3~8cm

여주

Momordica charantia

☞ 고혈압이나 고지혈증에도 효능이 세다.

맛이 써서 쓴 오이라고 부른다. 수세미를 닮은 열매가 익으면 길게 갈라지며 씨앗이 빨갛게 익는다. 주로 볶아서 먹지만, 식초를 넣고 새콤하게 무치면 먹을 만하다. 쓴맛이 부담스럽다면 차로 마시는 것을 권한다. 살짝 데친것을 조금씩 나눠 냉동해 두면 꽤 오랫동안 보존 할 수 있다. 천연 인슐린으로 불릴만큼 당을 잡아주는 효과가 뛰어나다.

분포_전국 **채취장소**_밭(재배) **채취시기**_4~6월 **이용 부위**_열매 **이용 방법**_무침, 볶음, 차 **전체 크기**_ 1~3m **잎 모양**_잎자루가 길며 가장자리가 5~7개로 갈라진다.

개여뀌

Persicaria blumei

☞ 식중독에 걸렸을 때 알갱이를 씹으면 도움이 된다.

맛을 보면 참 괴롭다. 일명 물후추라고 할 만큼 입안이 얼얼하고 눈물이 날 정도로 쓰고 매워서 주로 향신료와 양념으로 사용한다. 알갱이를 따서 밥을 지으면 수수를 넣고 밥을 지은 것처럼 된다. 전초를 달여 따뜻하게 해서 마시면 자궁출혈이 나 월경과다, 치질로 인한 출혈 등에 효과가 있다.

분포_전국 채취장소_들, 길가, 풀밭 채취시기_개화기 이용 부위_잎, 알갱이 이용 방법_무침, 밥, 향신료 전체 크기_50cm 정도 잎 모양_피침형, 길이 4~8cm, 폭 1~2.5mm

죽순
bamboo shoot

☞ 섬유질이 풍부해 변비는 물론 대장암 예방에 좋다.

대나무의 어린 싹을 말한다. 자연의 단맛을 지녔으며 씹히는 식감이 좋아 많은 사랑을 받는 산나물이다. 식용할 때는 껍질을 벗겨 30분 정도 삶아야 쓴맛과 잡내를 없앨 수 있다. 웃 자란 것이나 색이 푸른 것보다 황록색을 띤 것이 맛있다. 열량이 적으면서도 알칼리성 식품에 속하기 때문에 다이어트 및 체질 개선에 좋은 산채이다.

분포_경기 이남 **채취장소**_산지의 대나무밭 **채취시기**_연중 **이용 부위**_어린싹 **이용 방법**_죽순밥, 죽순채, 죽순탕, 조림 **전체 크기**_1~3m **잎 모양**_긴 타원형의 피침형

조릿대

Sasa borealis

☞ 인삼을 능가하는 약성으로 난치병에 놀랄 만큼 효과가 있다.

열매와 어린잎을 식용한다. 잎의 제철은 초여름부터 8월이며, 저장이 어렵기 때문에 채취하자마자 조리해야 한다. 열매로는 떡을 만들거나 밥을 지어 먹을 수도 있다. 대나무 가운데 약성이 제일 강하다고 알려져 있어서 난치병에 대단한 효능을 발휘한다. 당뇨나 고혈압, 위암 등의 병이 완치된 경우가 적지 않다.

분포_중부 이남 **채취장소**_산지나 숲 속의 나무 그늘 **채취시기**_6~8월 **이용 부위**_어린잎 **이용 방법**_무침, 국거리, 튀김 **전체 크기**_1~2m **잎 모양**_긴 타원 모양의 댓잎피침형, 길이 10~25cm

순채

Brasenia schreberi

☞ 풍부한 식이섬유가 주독을 풀어준다.

연잎과 비슷하나 연잎과는 다르게 점액질에 싸여 있다. 초여름부터 수면에 떠 있는 새싹과 어린줄기를 채취해 식용하는데, 뭐니 뭐니해도 순채의 맛은 혀의 감촉이다. 씹을 때 느껴지는 탱탱하게 씹히는 식감은 쉽게 잊혀지지 않는다. 영양소의 대부분이 수분이지만, 폴리페놀 함량 만큼은 녹차에 필적 할 정도라고 한다.

분포_남부 지방 **채취장소**_연못, 늪 **채취시기**_4~9월 **이용 부위**_어린잎 **이용 방법**_무침, 국거리, 튀김 **전체 크기**_50~100cm **잎 모양**_타원형 또는 달걀꼴, 길이 6~10cm, 폭 4~6cm

마름

Trapa japonica

☞ 껍질을 볶아서 차로 마시면 간경변과 복수의 치료에 효과가 있다.

능실이라고 부르는 열매를 식용한다. 열매 자체는 맛이 나지 않기에 식감을 살려 다양한 요리에 사용한다. 잡내가 많이 나므로 가능하면 하룻밤 정도 물에 담가 놓는다. 오래전부터 술독을 풀고 더위 먹은것을 고치는 약으로 이름이 높다. 많이 먹으면 몸이 가벼워지고 눈이 밝아지며 더위를 타지 않는다고 한다.

분포_전국 **채취장소**_저수지, 늪, 연못 **채취시기**_연중 **이용 부위**_열매 **이용 방법**_볶음, 국거리, 삶음 **전체 크기**_물밑 크기 **잎 모양**_마름모꼴 닮은 삼각형, 길이 2.5~5cm, 나비 3~8cm

연꽃

Nelumbo nucifera

☞ 마음을 편안하게 해주고 오장을 다스린다.

항균작용이 있어 연잎으로 음식을 싸거나 조리하면 음식이 잘 상하지 않는다. 뿌리를 조리거나 볶아서 먹는 방법 외에 베트남에서는 줄기로 샐러드를 만들어 먹고, 사찰에서는 연잎밥을 해 먹는다. 어린잎보다는 다 자란 잎으로 조리해야 더 효능이 있으며, 혈압을 안정적으로 낮춰 고혈압이나 정신적 스트레스를 많이 받는 사람에게 좋다.

분포_전국 **채취장소**_늪, 연못, 방죽 **채취시기**_4~6월 **이용 부위**_씨앗, 뿌리 **이용 방법**_무침, 국거리, 튀김 **전체 크기**_1~2m **잎 모양**_타원형 또는 원형, 지름 30~50cm

양하

Zingiber mioga

☞ 체온을 조절하여 발열을 억제하는 효능이 있다.

통통하고 둥근 모양이 좋은 상품이다. 상큼한 향취가 맛의 풍미를 깊게 만들지만, 휘발성이 강하기 때문에 장시간 노출하면 향기가 사라져 버린다. 양하는 씹히는 식감이 생명이므로 된장국 보다는 샐러드나 무침, 초무침으로 이용하는 것을 추천한다. 생강과 마찬가지로 몸을 따뜻하게 하는 작용으로 생리불순, 갱년기 장애, 생리통 등에 좋다.

분포_중부 이남 **채취장소**_밭(재배) **채취시기**_개화기 전 **이용 부위**_어린줄기 **이용 방법**_무침, 향미료, 튀김 **전체 크기**_40~100cm **잎 모양**_긴 타원형 또는 댓잎피침형, 길이 20~35cm, 폭 3~6cm

시호

Bupleurum falcatum

☞ 풀 전체를 약용하지만 씨앗의 약성이 더 높기 때문에 씨앗을 주로이용한다.

2월에 싹이 나면 아주 향기롭다. 대부분의 미나리과 식물의 꽃은 흰색인데 시호속은 노란색이다. 뿌리줄기가 해열, 해독, 진통 등에 효과가 있는 약효, 생약으로 쓰인다. 일본에서는 잎을 허브 티로 판매되고 있으며, 허브 캔디 제품도 있다. 봄에 새싹 잎을 데쳐서 나물로 먹는다.

분포_전국 **채취장소**_산과 들의 풀밭 **채취시기**_4~6월 **이용 부위**_어린잎 **이용 방법**_무침, 국거리, 튀김 **전체 크기**_40~70cm **잎 모양**_선형 또는 댓잎피침형, 길이 4~10cm, 폭 5~15mm

조개나물

Ajuga multiflora

☞ 향이 좋아 방향제의 재료로 많이 쓰인다.

꿀풀과 식물이 모두 그렇듯이 향이 진하고 꿀이 많아 꿀벌들이 많이 모인다. 흰 꽃이 피는 것을 흰조개나물, 붉은 꽃이 피는 것을 붉은조개나물이라한다. 봄에 올라오는 연한 잎을 뜯어 살짝데친 다음 무쳐 먹는다. 맛은 쓰고 성질은차다. 청혈, 해독, 소종의 효능으로 종기,악창, 타박상 등에 효험이 있다.

분포_전국 **채취장소**_산과 들의 양지바른 풀밭 **채취시기**_4~6월 **이용 부위**_어린잎 **이용 방법**_무침,국거리 **전체 크기**_10~30cm **잎 모양**_달걀꼴 또는달걀 모양의 타원형, 길이 1.5~3cm, 폭 1~2cm

조름나물

Menyanthes trifoliata L.

☞ 풀 전체를 약용하지만 씨앗의 약성이 더 높기 때문에 씨앗을 주로이용한다.

이 풀을 먹고 동물들이 꾸벅꾸벅 존다고 조름나물이라고 부른다. 멸종위기 식물 2급으로 분류된 희귀종이며, 햇볕이 잘 드는 반 그늘진 곳의 습원에서 자란다. 건위작용과 최면작용이 있어서 불면증이 나 신경쇠약 등의 치료약으로 쓴다. 어린 순은 데친 후 나물로 먹을 수 있다.

분포_중부 이북 **채취장소**_고원지대나 늪 **채취시기**_4~5월 **이용 부위**_어린잎 **이용 방법**_무침, 국거리 **전체 크기**_20~35cm **잎 모양**_타원형 또는 사각상 타원형, 길이길이 4-8cm, 폭 2-5cm

가락지나물

Potentilla kleiniana

☞ 잎을 짓찧어 상처가 난 곳이나 벌레 물린 자리에 붙이면 효과가 있다.

노랗게 피는 꽃으로 가락지를 만들어 놀이한데서 붙은 이름이다. 어린순과 줄기를 나물로 먹는다. 아삭아삭한 맛이 있어 봄철에 입맛을 돋우는 데좋다. 꽃이 피기 전 새순을 따서 날로 고추장에 묻혀 먹거나 물김치를 담군다. 한방에서는 뿌리와 함께 전초를 채취하여 말린 것을 발열, 경기, 인후염 등에 처방한다.

분포_중부 이북 채취장소_들의 습기가 있는 곳 채취시기_이른 봄 이용 부위_어린순, 어린줄기 이용방법_무침, 물김치 전체 크기_20~60cm 잎 모양_달걀꼴 또는 거꾸로 된 넓은 댓잎피침형

으름덩굴

Akebia quinata

☞ 종양 생성을 억제하는 효능이 있어서 열매, 씨앗 모두 항암보조제로 쓴다.

머루, 다래와 함께 산에서 나는 3대 열매 중의 하나로, 깔끔한 단맛과 소박한 야생의 맛을 함께 지녔다. 열매 속에 든 까만 씨앗은 수박처럼 뱉어낸다. 쓴맛이 있으므로 물에 삶은 후 찬물에 한 시간 정도 놔 둔 다음 먹어야 한다. 소변을 잘 나오게 하는 약재로 유명해서 신장염이나 방광의 결석에 약으로 사용한다.

분포_경기 이남 **채취장소**_산기슭, 들, 숲 속 **채취 시기**_여름~가을 **이용 부위**_열매, 꽃 **이용 방법**_화채, 볶음, 튀김, 차(꽃) **전체 크기**_약 5m 정도 **잎 모양**_타원형 또는 넓은 달걀꼴, 길이 3~6cm

댕댕이덩굴 *Cocculus trilobus*

☞ 약으로 쓸 때는 독성이 있으므로 반드시 기준량을 지킨다.

늦가을, 잘 익은 포도송이 같은 열매를 맺는다. 독성식물이기는 하지만 한 알 먹어 보면 의외로 달콤한 게 먹을 만하다. 줄기와 뿌리를 잘 말려서 약으로 쓰는데, 신경통이나 방광염, 소변불통 오줌이 잘 나오지 않는 증세에 주로 사용한다. 어린잎을 식용할 때는 데친 뒤 물에 한참 담가 제대로 우려낸 다음에 먹어야 한다.

분포_전국 **채취장소_**산기슭 양지, 숲가, 밭둑 **채취시기_**4~6월 **이용 부위_**어린잎 **이용 방법_**무침 **전체 크기_**3m 정도 **잎 모양_**둔한 달걀꼴, 길이 3~12cm, 폭 2~10cm

구기자

Lycium chinense

☞ 잎은 동맥경화를 예방하고, 열매는 콜레스테롤 수치를 낮춘다.

마당에 많이 심는다. 어린잎을 따서 밥에 넣어 먹기도 하고, 된장국이나 나물로 무쳐 먹기도 한다. 향이 은은하며 맛이 대단히 좋다. 잎을 잘 말린 다음 차로 달여 꾸준히 마시면 위장이 튼튼해지고, 안색이 좋아진다. 또 신장과 간장을 보하는 효능도 있으므로 지방간을 치유할 수 있다. 열매는 과실주로 만들어 마시면 좋다.

분포_전국 **채취장소**_마을 부근, 길가(재배) **채취시기**_4~6월 **이용 부위**_어린잎 **이용 방법**_무침, 국거리, 튀김 **전체 크기**_4m 정도 **잎 모양**_달걀꼴 또는 댓잎피침형, 길이 2~4cm

오미자

Schisandra chinensis

☞ 외국에서도 기침, 불면증, 피로 등에 효과가 있는 약초로 높이 평가 받는다.

잘 말린 열매가 만병통치 허브로 인정 받는 만큼 새순도 나물로 먹을 수 있다. 한번 데친 후 참기름을 넣고 조물도물 무치면 제법 쌉쌀하지만 충분히 이름값을 한다. 자양 강장, 피로회복에 효능이 있음은 물론, 최근에는 간기능의 강화나 기침, 천식을 완화하는 약으로도 사용된다.

분포_전국 **채취장소**_산기슭의 비탈 **채취시기**_4~6월 **이용 부위**_어린잎, 열매 **이용 방법**_무침, 약술, 차 **전체 크기**_6~8m **잎 모양**_긴 타원형 또는 달걀꼴, 길이 7~10cm, 폭 3~5cm

가막살나무

Viburnum dilatatum Thunb.

☞ 소화불량에 걸렸을 때 먹으면 일반 소화제보다 낫다.

5월에 피는 향기로운 꽃과 붉게 익는 열매가 보기 좋아서 주로 조경수로 이용한다. 봄에 나는 어린순을 뜯어 나물로 먹을 수 있다. 쓴맛이 강해 반드시 데치거나 찬물에 오래 담가 쓴맛을 없애야 한다. 줄기나 잎, 씨앗을 협미자라고 부르며 약용하며, 열매는 약술로 담가 먹으면 피로회복에 좋다.

분포_경기 이남 **채취장소**_산기슭 **채취시기**_이른 봄 **이용 부위**_어린순 **이용 방법**_무침, 데침 **전체 크기**_1.5~3m **잎 모양**_둥글거나 타원형, 길이 5~14cm 폭 3~13cm

가죽나무

Ailanthus altissima

☞ 뿌리껍질은 설사를 멎게 하는 즉효약이다.

전남지방에서 자주 이용하는 산나물이다. 야생초가 대개 그렇듯이, 약간 쓰고 독특한 향취가 나서 호불호가 갈린다. 어린 순을 살짝 데친 다음 초고추장 또는 된장에 찍어 먹거나, 갖은 양념을 넣어 나물로 만들어 먹는다.

찹쌀가루로 반죽을 하여 튀각을 만들 수도 있다. 잎을 중불에 잘 달여 몸에 수포가 생겼을 때 바르면 좋다.

분포_전국 **채취장소**_마을 부근 식재 **채취시기**_4~5월 **이용 부위**_어린잎 **이용 방법**_무침, 국거리, 튀김 **전체 크기**_20~30m **잎 모양**_넓은 댓잎 피침 모양의 달걀꼴, 길이 7~13cm, 폭 5cm

꾸지나무

Broussonetia papyrifera

☞ 여성들의 여러 가지 질병에 좋은 약초이다.

높이는 10m 이상으로 자란다. 닥나무처럼 나무껍질로 종이를 만드는데 쓰던 나무로, 흉년이 들었을 때에 어린잎을 뜯어 쌀과 섞어 밥을 지어 먹었다. 붉게 물드는 열매 역시 식용할 수 있으며, 잘 말려 두었다가 약으로 쓴다. 따뜻하고 단 약성을 지녀 여성들의 생리불순이나 자궁암, 자궁근종 등에 효능이 있다.

분포_전국(울릉도) **채취장소**_산기슭 양지 **채취시기**_4~5월 **이용 부위**_어린잎, 열매 **이용 방법**_무침, 나물밥 **전체 크기**_약 10~12m **잎 모양**_넓은 달걀모양 또는 원형, 길이 7-20cm, 폭 6-15cm

꾸지뽕나무   *Cudrania tricuspidata*

☞ 자궁근종, 자궁염, 생리불순 등에 효과가 커서 여성 질병의 명약이라고 한다.

꾸지나무와 이름이 비슷하지만 서로 다르다. 잎, 가지, 뿌리, 열매 어느 것 하나 버릴 것 없이 식용, 약용 모두 가능한 매우 가치가 높은 식물이다. 열매만 꾸준히 따 먹어도 요통이나 간질환에 도움이 된다. 봄에 연한 새순은 깻잎처럼 장아찌를 만들거나, 그늘에 말려 차로 마실 수 있다.

분포_경기 이남 **채취장소**_산기슭의 양지, 마을 부근 **채취시기**_4~6월 **이용 부위**_어린잎 **이용 방법**_무침, 국거리, 튀김 **전체 크기**_6~9m **잎 모양**_가장자리가 밋밋한 달걀꼴, 길이 6~10cm, 폭 3~6cm

동백꽃

Camellia japonica

☞ 꽃과 잎을 짓찧어 외상에 붙이면 확실한 지혈 효과를 볼 수 있다.

국화꽃처럼 동백꽃도 계절을 맛볼 수 있는 꽃이다. 색감과 영양이 뛰어나 식욕을 자극하며, 떡이나 샐러드에 넣어 먹는다. 동백 열매로 짠 동백기름은 코피나 자궁출혈 등에 좋고 붓기를 가라앉히는데 좋은 효과가 있다. 우리가 잘 모를 뿐, 먹을 수 있는 꽃은 의외로 많다. 다만 유독한 것도 있으니 함부로 먹는 것은 금물이다.

분포_남해안 섬 지방 **채취장소**_산지, 해안, 마을 부근 **채취시기**_4~6월 **이용 부위**_어린잎 **이용 방법**_무침, 국거리, 튀김 **전체 크기**_7~10m **잎 모양**_타원형 또는 달걀꼴, 5~12cm, 폭 3~7cm

방가지똥

Sonchus oleraceus

☞ 녹즙이나 달여 복용하면 유방암에 좋다고 알려져 있다.

어린순은 나물로 먹을수 있다. 쓰고 풋내가 나지만 씹히는 맛이 좋은 산나물이다. 맛도 민들레와 유사하다. 미국과 유럽에서는 샐러드로 이용한다.

물에 삶아 쓴맛을 뺀 후 콩나물처럼 무치거나 기름에 볶아 먹는다. 열을 내리고 피를 맑게하는 효능이 있어 몸속 독소를 죽인다. 특히 황달 증세에 좋다고 한다.

분포_전국 **채취장소**_들, 길가, 풀밭 **채취시기**_4~5월 **이용 부위**_어린잎 **이용 방법**_무침, 국거리, 볶음 **전체 크기**_30~100cm **잎 모양**_긴 타원형 또는 댓잎피침형, 길이 15~25cm, 폭 5~8cm

제비꽃   *Viola mandshurica*

☞ 온갖 균을 죽이고 염증을 없애는 효능이 있다.

비타민 C가 풍부한 산나물로, 야생 특유의 삽내도 없으며 기분 좋은 식감을 느낄 수 있다. 꽃잎을 슴슴하게 무치거나 쑥처럼 쌀가루를 넣어 버무리로 만들어 먹는다. 요리의 장식으로 이용하기도 한다. 혈압을 낮추는 작용을 하는 루틴 성분이 고혈압을 예방하고 염증을 없애준다.

분포_전국 **채취장소**_야산이나 들의 양지 **채취시기**_3~4월 **이용 부위**_어린잎 **이용 방법**_무침, 버무리 **전체 크기**_10 20cm **잎 모양**_타원형을 닮은 댓잎피침형, 길이 3~8cm, 폭 1~2.5cm

쇠무릎

Achyranthes japonica

☞ 폐경, 산후출혈로 인한 복통, 무릎의 통증 등에 효능이 있다.

약으로 쓰는 귀한 산채이지만 봄에 나는 잎을 식용할 수 있다. 비교적 잡내가 없고 재배 채소보다 씹는 맛이 더 낫다. 흐르는 물에 잘 씻어 딱딱한 줄기를 제거한 후 나물로 무치면 야생초만의 소박한 맛을 맛볼 수 있다. 피를 잘 돌게 하는 효능이 있어서 무릎이나 허리가 안 좋은 사람들에게 아주 좋은 산나물이다.

분포_경기 이남 **채취장소**_산, 들, 길가의 다소 습한 곳 **채취시기**_4~5월 **이용 부위**_어린잎 **이용 방법**_무침, 튀김 **전체 크기**_50~100cm **잎 모양**_타원형 또는 거꿀달걀꼴, 길이 10~20cm

인동_ 금은화

Lonicera japonica

☞ 탄닌, 미네랄, 단백질 같은 성분이 감염 및 동맥경화를 예방한다.

잎이 떨어지지 않고 추운 겨울을 견딘다고 인동이라고 부른다. 봄에 새로 돋는 새잎과 줄기를 데치거나 무침으로 식용한다. 기름에 볶거나 초무침도 괜찮다. 꽃에 꿀이 많아서 차로 이용하면 환절기 감기 예방에 좋다. 뿐만 아니라, 말린 전초 달임물을 목욕재로 이용하면 만성 치질이나 요통에 큰 효과를 볼 수 있다.

분포_전국 **채취장소**_산과 들의 양지바른 곳 **채취 시기**_봄 **이용 부위**_어린잎 **이용 방법**_무침, 초무 침 **전체 크기**_5m 정도(길이) **잎 모양**_ 넓은 댓잎 피침형 또는 긴 타원형, 길이 3~8cm, 폭 1~3cm

삽주

Atractylodes japonica

☞ 위를 튼튼하게 하고 위장 속의 염증을 제거하는데 뛰어나다.

어린 뿌리를 백출, 오래된 뿌리를 창출이라 부르며 당뇨를 치료하는 데 약재로 쓴다. 오래 먹으면 병에 걸리지 않는다고 알려진 산나물로, 부드러운 솜털에 싸여있는 새싹을 식용한다. 일본 일부 지방에서도 무병장수를 기원하는 의미로 식용한다고 한다. 부드러운 것 만을 채취해 잡티를 제거하고 끓는 물에 데친 후 양념에 무쳐 먹는다.

분포_전국 **채취장소**_산지의 건조한 곳 **채취시기**_4~6월 **이용 부위**_어린잎 **이용 방법**_무침, 국거리 **전체 크기**_30~100cm **잎 모양**_타원형 또는 거꿀달걀꼴, 길이 8~11cm

수송나물_ 가시솔나물   *Salsola komarovii Iljin*

☞ 간 기능을 회복하는데 신통한 효과가 있다.

톳과 모양이 비슷하다. 모래사장에서 소나무 잎 같은 줄기를 퍼뜨리면서 자란다. 봄에 나는 연한 줄기와 잎을 데쳐서 나물로 먹는다. 찌게나 국거리로도 훌륭하다. 어릴 때는 연하지만 조금만 자라도 굳어져서 따끔하게 살을 찌른다. 강한 잡내가 없어서 특유의 쓴맛과 해조류 같은 씹히는 맛을 즐길 수 있다.

분포_전국 **채취장소**_해안 모래땅 **채취시기**_봄~여름 **이용 부위**_어린잎 **이용 방법**_무침, 국거리, 튀김 **전체 크기**_ 20-50cm **잎 모양**_난상 피침형, 길이 1-3cm

백리향

hymus quinquecostatus

☞ 각종 염증을 일으키는 세균의 세포막을 파괴한다.

줄기나 잎에서 나는 향기가 백리까지 퍼진다는 한국형 허브다. 주로 소스의 원료로 사용하지만 상큼한 소나무 향을 풍기는 줄기와 잎을 식용할 수 있다. 스테이크를 구울 때나 해물탕 같은 요리에 맛의 풍미를 높이기 위해 넣어서 사용한다. 강력한 항균 효과로 와인이나 치즈 같은 식자재의 보존제로도 쓰인다.

분포_전국 **채취장소**_높은 산이나 바닷가 **채취시기**_이른 봄 **이용 부위**_어린잎, 어린줄기 **이용 방법**_무침, 향신료 **전체 크기**_20~40cm **잎 모양**_달걀을 닮은 타원형, 길이 5~12mm, 폭 3~8mm

패랭이꽃   *Dianthus sinensis*

☞ 암 세포에 대한 억제율이 90% 이상에 달했다는 실험결과가 있다.

꽃을 먹는 행위가 그다지 친숙하지 않겠지만 서양에서는 채소나 과일 같이 자주 먹는다. 패랭이꽃도 청정지역에서 딴 것은 식용할 수 있다. 봄철에 나는 연한 잎을 끊는 물에 충분히 삶아서 찬물에 헹군뒤 기름으로 볶아서 간장 양념을 해서 먹거나 샐러드로 해서 먹는다. 약으로 쓸 때는 전초를 잘 말려 달임물로 임질, 부종, 변비 등에 복용한다.

분포_전국 **채취장소**_풀밭, 냇가의 모래땅 **채취 시기**_4~5월 **이용 부위**_어린잎, 꽃봉오리 **이용 방법**_무침, 샐러드 **전체 크기**_10~30cm **잎 모양**_선형 또는 댓잎피침형

꽈리

Physalis alkekengi

☞ 암 예방에도 기여하는 것으로 알려져 있다.

씨를 빼낸 후 살짝 누르면 '꽈악' 하는 소리를 낸다. 열매에 단맛과 신맛이 있어 어린이들이 곧잘 따 먹는다. 어린잎은 물에 담가 쓴맛을 우려낸 다음 요리에 쓴다. 다 자란 잎은 독성이 생겨 설사나 배탈에 시달리게 된다. 풍부한 비타민 A가 활성산소를 억제해 동맥경화나 심근경색 같은 생활습관 병을 낫게 해 준다.

분포_전국 **채취장소**_인가 부근 **채취시기**_5~6월 **이용 부위**_어린잎 **이용 방법**_무침, 국거리 **전체 크기**_ 40cm~90cm **잎 모양**_넓은 난형, 길이 5~10cm, 폭 4~9cm

참나리

Lilium tigrinum

☞ 폐렴이나 기관지염 등의 소화기 관련 질환에 널리 응용할 수 있다.

나리 종류 중 가장 아름답지만 향기가 없다. 어린순은 나물로 먹고 비늘줄기는 구이나 조림으로 먹는다. 가을부터 이듬해 봄까지가 채취기간이며, 밥에 넣어 나물밥을 하거나 비늘줄기를 볶거나 떡을 찔 때 넣는다. 한방에서는 항알레르기 작용을 하는 전초를 잘 말려 알레르기 환자를 치료하는 데 쓴다.

분포_중부 이남 **채취장소**_산과 들 **채취시기**_가을 ~이듬해 봄 **이용 부위**_어린순, 비늘줄기 **이용 방법**_나물밥, 조림 **전체 크기**_1~2m **잎 모양**_타원형 또는 달걀꼴, 길이 5~18cm, 폭 10~15mm

청미래덩굴

Smilax china

☞ 잎을 따서 차로 마시기만 해도 백가지 독을 푼다고 한다.

뿌리를 성병 치료에 이용하며, 특히 수은 중독을 푸는 효능이 대단한 식물이다. 5~6월 무렵 새로 돋는 어린순은 나물로 무치고, 줄기에서 나온 새잎은 쌈이나 튀겨서 먹는다. 채취할 때는 가시가 있으므로 찔리지 않도록 조심해야 한다. 망개라고 하는 열매도 먹을 수 있지만 그다지 맛은 없다.

분포_전국 **채취장소**_산지의 숲 가장자리 **채취시기**_5~6월 **이용 부위**_어린잎, 열매 **이용 방법**_무침, 쌈, 튀김 **전체 크기**_2~3m **잎 모양**_원형 또는 긴 타원형, 길이 3~12cm, 폭 2~10cm

고마리

persicaria thunbergii

☞ 풀 전체를 약용하지만 씨앗의 약성이 더 높기 때문에 씨앗을 주로이용한다.

흐르는 도랑이나 물가에서 자란다. 정화 능력이 뛰어나서 더러운 물에서도 잘 자라며, 미나리나 물옥잠 같이 오염된 물에 신선한 공기를 공급해 수질을 개선하는데 탁월한 효능을 갖고 있다. 봄에 나는 어린잎은 나물로 식용하는데 매운 맛이 난다. 전초는 잘 말려서 지혈제나 요통을 치료하는 약제로 활용한다.

분포_전국 **채취장소**_들, 도랑, 물가, 풀밭 **채취시기**_4~5월 **이용 부위**_어린잎 **이용 방법**_무침, 데침 **전체 크기**_70~100cm **잎 모양**_양 옆으로 갈라진 서양 방패꼴, 길이 4~15cm, 폭 3~8cm

며느리배꼽

Persicaria perfoliata

☞ 풀 전체를 약용하지만 씨앗의 약성이 더 높기 때문에 씨앗을 주로이용한다.

며느리밑씻개와 닮았지만 잎자루 모양으로 쉽게 구별 할 수 있다. 봄부터 여름에 걸쳐 돋는 어린잎을 따서 식용한다. 신맛이 강하지만 참기름을 넣고 나물로 무치거나 비빔밥을 만들면 꽤먹을 만하다. 채취할 때는 잎의 뒷면에도 날카로운 가시가 있으니 아주 조심해서 다뤄야 한다. 한방에서는 전초를 옴 같은 피부병을 치료하는데 약으로 쓴다.

분포_전국 **채취장소**_들, 빈터, 풀밭 **채취시기**_5~6월 **이용 부위**_어린잎 **이용 방법**_무침, 국거리, 비빔밥 **전체 크기**_1~2m **잎 모양**_끝이 뾰족하고 가장자리가 밋밋하다

마디풀

Polygonum aviculare

☞ 유산이나 분만 후 자궁출혈에 대한 지혈제로 자주 쓴다.

마디풀은 이뇨작용과 살균의 효능을 가지고 있는 풀이다. 한방에서 잎과 줄기를 편축이라 하고 약재로 사용하며, 4~5월에 연한 순을 따다가 나물로 무쳐 먹는다. 살짝 데친 뒤 잠시 찬물에 담가 쓴맛을 우려내어야 한다. 하지만 약간의 쓴맛은 위장을 좋게 하므로 때로는 우려내지 않고 그냥 먹는 것도 좋다.

분포_전국 **채취장소**_들, 길가, 밭둑, 논둑 **채취시기**_4~5월 **이용 부위**_어린순 **이용 방법**_무침, 국거리 **전체 크기**_30~40cm **잎 모양**_긴 타원형 또는 선 모양의 타원형, 길이 1.5~4cm, 폭 3~12mm

구절초

Chrysanthemum zawadskii

☞ 여성 질환인 월경불순, 자궁냉증, 불임증에 좋은 효능이 있다.

새로 나오는 어린순을 나물로 먹는다. 소금을 넣고 끓인 물에 살짝 데쳐서 참기름을 넣고 무치면 잃었던 식욕이 되살아난다. 여름철 잎이 무성해지면 튀김이나 부침으로 이용하고, 가을철에 피는 꽃은 쌀가루와 함께 꽃떡을 만들 수 있다. 손발이 차거나 산후 냉기가 있을 때 꽃 또는 잎을 따서 차로 마시면 효험이 있다.

분포_전국 **채취장소**_고산지대의 산기슭, 풀밭, 들 **채취시기**_4~5월 **이용 부위**_어린순 **이용 방법**_무침, 튀김, 꽃떡 **전체 크기**_40~50cm **잎 모양**_달걀꼴 또는 넓은 달걀꼴, 길이 2~3.5cm

Part 3

독이 있는 산나물

독미나리

Cicuta virosa L

☞ 독 성분은 피부로 스며들기 때문에 섣불리 만지지 말도록 한다.

미나리와 서식지가 같아 잘못 채취하기 쉬우므로 주의해야 한다. 미나리 특유의 향은 없고 대신에 나쁜 냄새가 난다. 특히 어린잎은 착각하기 쉽다. 하지만 굵은 대나무 같은 뿌리줄기에서 누런 즙이 나오므로 구별할 수 있다. 잘못 먹으면 구토, 복통, 신경착란, 호흡 곤란 후 사망할 수도 있다. 강원도 대관령 주변의 습지에서 주로 발견된다.

분포_중부, 북부 지방 **서식장소_**습지, 물가 **비슷한 식물_**미나리, 냉이 **독이 있는 부위_**전체(특히 뿌리에 많다) **독성분_**시크톡신, 싱크틴 **착각하기 쉬운 시기_**봄, 잎을 딸 무렵

독미나리

미나리

천남성
Arisaema amurense var. serratum

☞ 아이들이 옥수수로 착각할 수 있으니 주의해야 한다.

산지의 나무 밑이나 음습한 곳에 나는 여러해살이풀이다. 종류가 많고 꽃 모양이 조금씩 다르다. 중풍에 효과가 있다고 잘못 채취했다가는 큰일을 치른다. 전문인의 손에 맡겨두는 것이 안전 제 1원칙이다. 열매는 옥수수 처럼 달리는데 가을에 빨간색으로 익는다. 무심코 먹었다가는 온몸이 타들어 가는 고통에 시달리게 된다.

분포_전국 **서식장소**_산지의 나무 밑이나 음습한 곳 **비슷한 식물**_옥수수, 두릅나무순 **독이 있는 부위**_전체 **독성분**_사포닌, 옥살산 칼슘 **착각하기 쉬운 시기**_봄, 새싹이 돋을 무렵

은방울꽃

Convallaria keiskei

☞ 은방울꽃을 만진 후에는 반드시 손을 씻어야 한다.

고랭지나 고원에서 볼 수 있다. 귀여운 꽃과 향으로 사랑받고 있지만 맹독을 지닌 독초이다. 은방울꽃을 꽂아 둔 컵의 물을 마시고 중독된 사례도 있다. 둥굴레, 비비추, 산마늘의 새순과 착각하기 쉽다. 잘못 먹으면 심부전증을 일으켜 사망에 까지 이른다. 뿌리를 강심제나 이뇨제로 약용하지만, 일반인이 다루기에는 너무 위험하다.

분포_전국 서식장소_산지 비슷한 식물_산마늘, 둥굴레, 비비추의 어린싹 독이 있는 부위_전체 독성분_콤바라톡신 등 착각하기 쉬운 시기_봄, 새 싹이 돋을 무렵

비비추

동굴레

애기똥풀

Chelidonium majus var. asiaticum

☞ 약용 기준치를 초과할 경우, 혼수상태에 빠지거나 호흡마비가 올 수 있다.

새순이 쑥과 비슷해서 오인사고가 자주 일어난다. 섭취량이 아주 소량이라면 상관 없지만, 운이 없으면 몸속 장기와 소화기에 큰 상처를 입는다. 줄기에 상처를 내면 아기들이 누는 똥과 비슷한 굴색의 즙액으로 피부염 환자나 물집, 고름, 진물의 치료약으로 쓰기도 하지만 무려 21가지의 유독 성분을 들어 있으니 과용하면 큰일을 치룬다.

분포_전국 **서식장소**_마을 근처의 길가, 풀밭 **비슷한 식물**_쑥(어릴 때) **독이 있는 부위**_전체 **독성분**_케리돈닌, 산귀날린 등 **착각하기 쉬운 시기**_봄, 잎이 돋을 무렵

쑥

등대풀

Euphorbia helioscopia

☞ 동물들은 절대 먹지 않는 식물이다.

봄나물을 채취할 무렵에 눈에 자주 띈다. 황록색 잎이 먹음직스러워 보이므로 착각해서 잘못 채취하기 쉽다. 줄기에 상처를 내면 나오는 유액에 피부가 닿으면 염증을 일으키거나 옻이 오르는 것처럼 수포가 생긴다. 잘못먹으면 입이나 위의 점막이 짓무르고 설사나 심한 현기증에 시달리게 된다. 경기이남 지역에서 흔히 볼 수 있다.

분포_경기 이남 **서식장소**_논둑이나 밭둑, 들 **비슷한 식물**_특별히 없다 **독이 있는 부위**_전체(뿌리의 독성이 제일 강하다) **독성분**_사포닌, 탄닌 등 **착각하기 쉬운 시기**_봄, 잎을 채취할 무렵

동의나물

Caltha palustris

☞ 풀 전체를 약용하지만 씨앗의 약성이 더 높기 때문에 씨앗을 주로 이용한다.

이름에 나물이 붙었다고 곰취로 오인해 채취했다면 바로 버리길 바란다. 동의나물은 독성식물이다. 잘못 섭취하면 구토와 복통에 시달리고 맥박이 느려지고 혈압이 떨어진다. 잎이 부드러운 곰취와는 달리 동의나물은 잎이 두껍고 털이 없으며 광택이 난다. 또한 서식지도 다르다. 곰취는 산기슭에, 동의나물은 물가에서 주로 자란다.

분포_전국 **서식장소**_습지 **비슷한 식물**_곰취 **독이 있는 부위**_전체 **독성분**_사포닌 등 **착각하기 쉬운 시기** _봄, 새싹이 돋을 무렵

곰취

박새

Veratrum patulum

☞ 박새의 위험성은 독의 강도보다 산마늘과의 오인 사고가 많다는 점이다.

내복한 적도 있으나 독성이 강해 외용으로만 사용하며 주로 살충제로 쓴다. 어린싹의 모습과 생육 환경이 산마늘과 비슷해서 사고가 많이 일어난다. 산마늘은 잎이 2~3장 나는 반면 박새는 잎이 줄기를 감싸듯 여러 장이 촘촘히 어긋나게 달린다. 잘못 섭취하면 심한 구토와 복통에 시달리며 식중독을 일으킨다.

분포_전국 서식장소_깊은 산 습지, 습한 초원 비슷한 식물_원추리, 산마늘의 어린싹 독이 있는 부위_전체 독성분_둘빈, 베라트린 등 착각하기 쉬운 시기_봄, 새싹이 돋을 무렵

산마늘

원추리

여로

Varatrum maackii

☞ 섭취량에 따라 의식불명에 빠지는 경우도있다.

어린싹이 옥잠화 종류와 비슷하다. 박새와는 달리 높은 산에 살기 때문에

오식할 빈도는 적지만, 위험한 것은 마찬가지다. 구분법이나 독에 의한 증상은 박새와 비슷하다. 자주색 꽃을 피우고 박새에 비해 이삭이 탐스러운 편이다. 그러나 꽃이 없으면 박새와 구별하기 어렵다.

분포_전국 서식장소_산지의 풀밭 비슷한 식물 _원추리, 산마늘(어린싹), 옥잠화(잎) 독이 있는 부위_전체 독성분_둘빈 등 착각하기 쉬운 시기_봄, 새싹이 돋을 무렵, 연중(옥잠화)

옥잠화

때죽나무

Styrax japonica

☞ 가래나 기침의 제약 원료로 사용한다는데 정확한 사실은 알려진 바 없다.

가을에 열리는 열매가 동글동글한 것이 참 예쁘게도 생겼다. 항간에는 열매와 씨를 약으로 쓴다고 하지만, 먹을 수 없고 함부로 먹어서도 안 된다. 열매 껍질에 독성이 있어서 잘못 먹으면 목이나 위의 점막에 크게 염증이 생긴다. 물고기를 잡을 때 열매를 짓찧어 고기를 기절시켜 잡았을 정도로 독성이 강하다.

분포_중부 이남 **서식장소**_산기슭, 산중턱의 양지 **비슷한 식물**_특별히 없다. **독이 있는 부위**_과실 껍질 **독성분**_에고사포닌 글리세리드 등 **착각하기 쉬운 시기**_8∼9월, 열매가 맺힐 무렵

배풍등

Solanum lyratum

☞

꽃보다 가을에 나는 방울 토마토 같은 열매가 눈에 띈다. 전초 말린 것을 대상포진이나 간염 치료제로 사용하는 약초지만 전초에 감자의 독과 같은 신경독이 있다. 특히 붉게 익는 열매가 강한 독성을 발휘한다. 유혹에 빠져서 열매를 먹으면 구토 증상과 설사, 복통을 일으키며, 많이 먹으면 사망할 수 있다. 독과 약은 종이 한 장 차이다.

분포_남부 지방 **서식장소**_산지의 양지쪽 **비슷한 식물**_특별히 없다. **독이 있는 부위**_전체(특히 열매에 많다) **독성분**_솔라닌, 아트로핀 **착각하기 쉬운 시기**_9∼11월, 열매가 맺힐 무렵

미치광이풀

Scopolia japonica

☞ 새순이 머위를 닮아서 오인 사고가 끊이지 않는 풀이다.

정말로 미친 놈처럼 발버둥을 치며 괴로워하다가 여기저기 뛰어다니게 된다. 진통과 진정제로 약용하기도 하지만, 다량을 복용하면 중추신경이 마비되고 호흡이 곤란해져 심하면 생명을 잃을 수 있다. 꽃을 만진 손으로 눈을 비비거나 몸에 문지르는 것도 매우 위험한 행동이다. 약으로 쓸 때는 반드시 외상 치료에 국한한다.

분포_전국 **서식장소**_깊은 산 습지나 그늘 **비슷한 식물**_특별히 없다 **독이 있는 부위**_전체(특히 뿌리의 독에 주의) **독성분**_아트로핀, 히오스티아민 **착각하기 쉬운 시기**_봄, 새싹이 돋을 무렵

숫잔대

Plantago asiatica

☞ 로벨린이란 금연 및 약물 중독 치료제로 사용되는 성분이다.

연못이나 늪 등 물기가 많은 곳에서 멋진 풍경을 연출하며 군생한다. 독성이 강해서 잘못 먹으면 설사, 구토, 탈진, 혈압강하를 일으켜 죽음에 이르는 경우도 있다. 줄기는 속이 비어 있으며, 가지치기를 하지 않는다. 잎은 버드나무 잎처럼 가늘고 꼭지가 없으며 호생한다. 줄기 위에 이삭을 내어 꽃을 피운다. 진보라색으로 아름답다.

분포_전국 서식장소_산이나 들의 습지 비슷한 식물_특별히 없다 독이 있는 부위_전체 독성분_로벨린 착각하기 쉬운 시기_봄, 새싹이 돋을 무렵

협죽도

Nerium indicum

☞ 최악의 경우 사망할 수 있는 위험한 식물이다.

꽃과 잎, 가지, 뿌리, 열매는 물론 주변 토양까지 독이 물든다. 잘못해서 즙이 눈에 들어 가면 실명할 수 있고, 불에 태우면 연기에 독이 녹아 들어 연기를 흡입하는 것만으로도 심각한 중독증상을 겪는다. 가장 무서운 것은 경구 접촉이다. 학교에 협죽도가 심어져 있을 경우, 아이들이 흙장난 등의 놀이를 통해 접촉할 위험이 있다.

분포_제주도, 남부 지방 **서식장소**_정원수, 학교 교정 등 **비슷한 산나물**_특별히 없다. **독이 있는 부위**_전체. **독성분**_올레안드린 **착각하기 쉬운 시기**_봄, 새싹이 돋을 무렵.

독말풀

Datura stramonium

☞ 풀 전체를 약용하지만 씨앗의 약성이 더 높기 때문에 씨앗을 주로이용한다.

꽃이 트럼펫 모양을하고 있기 때문에 천사의 나팔이라고도 한다. 섭취한 양에 따라 다르지만 1~2시간 안에 중독 현상이 나타난다. 환각이나 급성 치매 등의 증상이 나타나고 최악의 경우 사망에 이른다. 경험자에 의하면, 여타의 환각제와는 비교가 되지 않을 정도의 환청, 환시, 환각을 맛 본다고 한다.

분포_전국 **서식장소**_마을 부근에 재배 **비슷한 식물**_특별히 없다 **독이 있는 부위**_전체 **독성분**_스코폴라민 등 **착각하기 쉬운 시기**_봄, 새싹이 돋을 무렵

투구꽃_바곳

Aconitum jaluense

☞ 잘못 섭취할 경우, 10~20 분 이내에 중독 증상이 발발한다고 알려져 있다.

사극의 단골 장희빈이 받은 사약과 서편제의 송화가 마시고 눈이 먼 것이 바로 이 식물이다. 그 뿐 아니라, 아마존 원주민들이 화살촉에 발라 동물사냥에 이용할 정도로 맹독성 식물이다. 주성분인 아코니틴의 독성은 청산가리의 6,000배에 달한다. 잘 쓰면 약이지만 잘못 쓰면 입과 혀가 굳거나 사지마비가 오고, 심할 경우 사망에 이르기도 한다.

분포_충청도 이남 **서식장소**_깊은 산 골짜기 **비슷한 식물**_쑥 **독이 있는 부위**_전체(특히 뿌리에 많다) **독성분**_아코니틴 **착각하기 쉬운 시기**_봄, 새싹이 돋을 무렵

찾아보기

MEMO

MEMO